Neues verkehrswissenschaftliches Journal

Ausgabe 15

Ehrenamtlich organisierte Mobilität im ländlichen Raum mit Elektrofahrzeugen: Ergebnisse des Forschungsprojekts „EFB – e-Fahrdienst Boxberg"

"e" wie elektromobil
"e" wie ehrenamtlich

im Auftrag des Ministeriums für Ländlichen Raum und Verbraucherschutz Baden-Württemberg

Prof. Dr.-Ing. Ullrich Martin

Prof. Dr. Georg Herzwurm

M. Sc. David Camacho Alcocer

Dipl.-Kfm. (FH) Benedikt Krams, M. Sc.

Institut für Eisenbahn- und Verkehrswesen der Universität Stuttgart

Lehrstuhl für ABWL und Wirtschaftsinformatik II der Universität Stuttgart

September 2016

Titelbild: Krams und Seufert.

Bilder im Text: Berberich (Abbildung 3-2), Camacho (Abbildung 3-4, 3-6, 4-2, 4-4), Dünkel (Abbildung 3-9), Herzog-Klemenz (Abbildung 4-3), Krams (Abbildung 4-30), Müller (Abbildung 2-1, 3-7), Seufert (Abbildung 3-3).

Herstellung und Verlag: BoD – Books on Demand, Norderstedt

Printed in Germany

ISBN 978-3-7412-7932-4

Vorwort

Der vorliegende Projektbericht beschreibt eine erstarkende Mobilitätsform in Deutschland: Bürgerautos als Teil von Gemeinschaftsverkehren mit ehrenamtlich agierenden Fahrerinnen und Fahrern verbessern das Mobilitätsangebot dort, wo der ÖPNV im klassischen Sinne an die Grenzen des Machbaren stößt.

Bürgerautos verkehren als eine flexible Angebotsform in räumlicher und zeitlicher Hinsicht und ermöglichen so komfortable Fahrten bis zur Haustür. Dies ist insbesondere für ältere bzw. mobilitätseingeschränkte Menschen wichtig, die Schwierigkeiten haben, Erledigungen des täglichen Bedarfs durchzuführen oder zu organisieren. Vor dem Hintergrund des demographischen Wandels kann in vielen ländlichen Regionen Baden-Württembergs mit einer steigenden Nachfrage gerechnet werden. Da die Fahrerinnen und Fahrer überwiegend eine sehr hohe Wertschätzung ihrer Tätigkeit erfahren, kann von einem Angebot ausgegangen werden, dass die Mobilitätsnachfrage auch perspektivisch befriedigen wird.

Versteht man Gemeinschaftsverkehre als nachhaltige Mobilitätskonzepte, so entfalten diese einen großen gesellschaftlichen Effekt: Neben der Verbesserung der verkehrlichen Situation erfolgt eine Stärkung des gemeinschaftlichen sozialen Zusammenlebens durch die kollektive Beförderung von, die sich vorher nicht kannten und nun die Fahrten miteinander verbringen. Darüber hinaus ist eine Stärkung des Gewerbes vor Ort zu vermuten, da lokal Dienstleistungen und Waren im Ort nachgefragt werden. Der vielerorts vorhandene Strukturwandel kann positiv durch e-Bürgerautos umweltgerecht beeinflusst werden. Einen Beitrag für eine nachhaltige Mobilität leistet darüber hinaus im Zuge des Paradigmenwechsels von fossiler zur postfossilen Mobilität die Elektromobilität. Das Leuchtturmprojekt zeigt auch, dass Bürgerautoverkehre sehr gute Rahmenbedingungen für den Einsatz von Elektrofahrzeugen bieten.

Bezüglich der Weiterentwicklung der Elektromobilität werden weitere Forschungen und Entwicklungen technologische Lösungen hervorbringen, die auch die Mobilitätsbedürfnisse vieler weiterer Bürger befriedigen können. Hinsichtlich der systematischen Untersuchung von Gemeinschaftsverkehren und deren gesellschaftlicher Relevanz steht die Forschung aber noch am Anfang. Dieser Projektbericht liefert erste Ergebnisse und erlaubt die Ableitung von Hypothesen bspw. zu den Erfolgsfaktoren der Verstetigung von Gemeinschaftsverkehren oder deren Optimierung vor dem Hintergrund der Elektromobilität.

Dem Ministerium für Ländlichen Raum und Verbraucherschutz Baden-Württemberg als fördermittelgebende Institution möchten wir für die anteilige Finanzierung des Vorhabens danken. Die Stadt Boxberg als Projektkoordinator hat das Projekt u.a. durch die Schaffung notwendiger Strukturen im Ort unterstützt. Ohne die Ehrenamtlichen in Boxberg wäre die Umsetzung zu keinem Zeitpunkt möglich gewesen. Besonderer Dank gilt Herrn Hon.-Prof. Dr.-Ing. Harry Dobeschinsky, der dieses Projekt maßgeblich mit initiiert hat, den erfolgreichen Abschluss jedoch leider selbst nicht mehr erleben konnte.

Zwischenzeitlich wurde das e-Bürgerauto des Vereins „Wir verbinden Boxberg e.V." in dem Ehrenamtswettbewerb ECHT GUT! bereits ausgezeichnet und als feste Größe des Mobilitätsangebots der Stadt Boxberg verankert.

Stuttgart, im September 2016

Prof. Dr.-Ing. Ullrich Martin   Prof. Dr. Georg Herzwurm

Inhaltsverzeichnis

Abbildungsverzeichnis

Tabellenverzeichnis

Kurzfassung

Keywords: Gemeinschaftsverkehr, Bürgerauto, Fahrdienst, Elektromobilität, e-Bürgerauto, e-Fahrdienst, flexible Bedienform, flexibler Verkehr, Fahrerbefragung, Fahrgastbefragung, Fahrerevaluation, Fahrgastevaluation, Fahrbetriebsevaluation, Ladeinfrastruktur, Handlungsempfehlungen

Dieser Bericht zeigt wesentliche Ergebnisse des Forschungsprojekts „EFB – e-Fahrdienst Boxberg" auf. Im Zuge des Projekts wurde ein Fahrdienst mit vollflexibler Bedienform als ein Gemeinschaftsverkehr mit ehrenamtlichen Fahrern und einem elektrisch betriebenen Großraum-Pkw in der Stadt Boxberg untersucht.

Vor dem Hintergrund der Besonderheiten ländlich geprägter Räume wir die Notwendigkeit der Verbesserung der Mobilität der Menschen in diesen Räumen motiviert. Dazu erfolgt die Einordnung des Forschungsvorhabens in den Kontext nachhaltiger Mobilität unter Hervorhebung des Ehrenamts sowie der Elektromobilität. Der ländliche Raum und dessen strukturelle Veränderungen werden insbesondere aufgrund des demographischen Wandels diskutiert.

Erläutert wird im Anschluss ein Maßnahmenbündel, das im Kontext der Implementierung eines Gemeinschaftsverkehrs als e-Bürgerauto beachtet werden muss. Allgemeingültig erfolgt die Adressierung von Maßnahmen in den Bereichen des Vereins-, Fahrgast- und Fahrermanagements, der Betriebsgestaltung, der Finanzierung sowie im Besonderen der Elektromobilität mit entsprechenden Fahrzeugen und der Ladeinfrastruktur.

Diese Bereiche werden in dem Anwendungsfall adressiert und Ergebnisse des Forschungsprojekts vor dem Hintergrund struktureller und verkehrlicher Rahmenbedingungen der Stadt Boxberg umfassend beschrieben.

Zwei Befragungen in der Boxberger Bevölkerung, eine vor und eine nach Beginn des e-Fahrdienstes, zeigen das Mobilitätsverhalten als auch -bedarfe vor Ort auf.

Anhand der Personenkilometer wird die Nachfrage nach dem Mobilitätsangebot dokumentiert und eine Verstetigung nach einer Anlaufphase kann attestiert werden. Exemplarisch werden durchschnittlich 70 Kilometer im Stadtgebiet mit dem e-Fahrzeug zur Fahrgastbeförderung pro Betriebstag zurückgelegt. Die grundsätzliche Eignung von Elektrofahrzeugen für Bürgerautoverkehre anhand des Mobilitätsvereins in Boxberg wird vor dem Hintergrund der Planbarkeit der Fahrtrouten eines Betriebstages aufgezeigt.

Fahrgastbefragungen in zwei verschiedenen Zeiträumen nach Einführung des e-Bürgerautos zeigen die sehr hohe Zufriedenheit mit dem Mobilitätsangebot, das u.a. auf die vollflexible Bedienform zurückgeführt werden kann. Zwei Fahrerbefragungen offenbaren u.a. Verbesserungspotentiale für das e-Fahrzeug vor dem Hintergrund wahrgenommener mangelnder Reichweite des e-Bürgerautos für den täglichen Personentransport.

Untersuchungsergebnisse des Fahrbetriebs zeigen auf, welche Verbesserungsmaßnahmen ergriffen werden können. Durch die Auswertung von maschinell aufgezeichneten Fahrzeugdaten und begleitender Fahrprotokolle ist es möglich, für ausgewiesen Strecken Aussagen zum Fahrzeugverhalten zu treffen. Unterschiedliche Fahrstile der Fahrer werden identifiziert und bei den Auswertungen berücksichtigt. Untersucht wird u.a. der Batterieverbrauch des Fahrzeugs vor dem Hintergrund der Topografie unterschiedlicher Strecken sowie durch die Nutzung von Zusatzverbrauchern.

Als besonders kritisch konnte die Ladeinfrastruktur und dessen Leistung identifiziert werden. Mit dem eingesetzten Fahrzeug sind keine Schnellladungen möglich, sodass der Option der Zwischenladung während eines Fahrtages eine besondere Stellung einnimmt. Neben einer Zwischenladung in der Betriebspause am Mittag werden konkrete Handlungsempfehlungen für die Positionierung weiterer Ladeinfrastruktur im Stadtgebiet ausgesprochen. Darüber hinaus zeigt der Bricht, dass je nach topografischer Beschaffenheit einzelner Fahrtstrecken im Stadtgebiet Umwege gerechtfertigt sind, um Batteriekapazität zu sparen. Im Sinne einer optimierten Routenplanung können diese Erkenntnisse bei der Fahrtanmeldung und anschließender Routenplanung für den Fahrer berücksichtigt werden.

Abschließend liefert der Ausblick weitere Verbesserungsmöglichkeiten insbesondere im Kontext der Digitalisierung, die ein Treiber bspw. für die Integration von Gemeinschaftsverkehren in bestehende Auskunftssysteme des ÖPNV darstellt.

1 Einleitung

Ehrenamtlich organisierte Mobilität kann einen wesentlichen Bestandteil darstellen, um insbesondere in ländlich geprägten Räumen das Mobilitätsangebot für die dort lebenden Menschen dauerhaft zu verbessern. Elektromobilität, als eine in Deutschland in weiten Teilen gewünschte und politisch geförderte Form der Fortbewegung, stellt bereits heute unter den richtigen Voraussetzungen eine ökologische und ökonomische Art der Fortbewegung dar. Vor dem Hintergrund eines planbaren Mobilitätsangebots durch einen ehrenamtlich durchgeführten Fahrdienst reifte in der Stadt Boxberg im Main-Tauber-Kreis frühzeitig die Idee, einen solchen Fahrdienst auf die Beine zu stellen und den Mobilitätsbedarf der Bevölkerung mit einem elektrisch betriebenen Fahrzeug zu bedienen.

Um eine initiale Förderung für das Vorhaben zu erreichen, wurde unter der Leitung der Stadt Boxberg ein Projektkonsortium bestehend aus engagierten Bürgerinnen und Bürgern der Stadt Boxberg sowie seiner Stadtteile, dem Institut für Eisenbahn- und Verkehrswesen unter der Leitung von Professor Martin, dem Lehrstuhl für ABWL und Wirtschaftsinformatik II unter der Leitung von Professor Herzwurm der Universität Stuttgart sowie einer forschungsnahen Beratungsgesellschaft gebildet, um eine initiale Förderung für das Vorhaben zu erreichen.

Das Konsortium war im Rahmen des Ideenwettbewerbs Elektromobilität Ländlicher Raum des Ministeriums für Ländlichen Raum und Verbraucherschutz Baden-Württemberg als Maßnahme der Landesinitiative Elektromobilität II des Landes Baden-Württemberg erfolgreich, sodass das Vorhaben und die Partner partiell gefördert wurden.

Dieser Bericht fasst die Ergebnisse des Forschungsprojekts „EFB – e-Fahrdienst Boxberg" aus dem gesamten Bearbeitungszeitraum von Mai 2013 bis Dezember 2015 zusammen. Grundlegende Informationen sind für ein Gesamtverständnis vorangestellt, wesentliche Ergebnisse werden verständlich dargelegt und die wichtigsten Erkenntnisse aus dem Betrieb beschrieben.

Dabei wird Wert darauf gelegt, dass neben Ergebnissen technischer Natur bezüglich des Elektrofahrzeugs auch das Ehrenamt in dieser verkehrlichen Ausprägung berücksichtigt wird. Ferner soll der Bericht die Leser auch für ein Engagement in der ehrenamtlichen Mobilität motivieren.

Mit dem Projekt wurden mehrere Ziele verfolgt. Zum einen sollten Mobilitätsmöglichkeiten für die Bürger aller Boxberger Stadtteile als Ergänzung zum bestehenden öffentlichen Personennahverkehr (ÖPNV) geschaffen werden. Darüber hinaus sollte das ehrenamtliche Engagement im Verkehrsbereich und das soziale Miteinander unterstützt werden. Die Erkenntnisse aus dem Modellvorhaben können für verbindliche Förderbedingungen ehrenamtlicher Verkehre mit Elektrofahrzeugen herangezogen werden, um vergleichbare Mobilitätskonzepte nachhaltig zu verstetigen.

Die konkreten Ziele des Projekts waren:

- Erweiterung der Mobilität von Bürgern des Einzugsgebiets in Ergänzung zum bestehenden ÖPNV,
- Unterstützung des sozialen Miteinanders durch ehrenamtliches Engagement im Verkehrsbereich, und
- Verstetigung des Mobilitätskonzepts über die Projektlaufzeit hinaus.

Dabei wird unterstellt, dass mit dem Erreichen dieser Ziele auch die Attraktivität ländlicher Kommunen wächst.

Der vorliegende Bericht ist wie folgt strukturiert:

Kapitel 2 stellt den konzeptionellen Rahmen dar und verdeutlicht die Besonderheiten des ländlichen Raums. Darüber hinaus werden der Stand der Forschung, existierende praktische Ansätze und ein erster Weg hin zur nachhaltigen Mobilität skizziert.

Kapitel 3 identifiziert die Aspekte, die das Mobilitätskonzept umfassen und bestimmt Maßnahmen, die zur Umsetzung ergriffen werden müssen. Dieses Kapitel greift auf die in Kapitel 2 vorgestellten Rahmenbedingungen zurück.

Kapitel 4 stellt eine Detailanalyse des Projektgebiets vor, so dass dem Leser Hintergrundinformationen des Forschungsprojekts nachvollziehbar sind. Schwerpunkt von Kapitel 4 bildet die Ergebnisdarstellung im Einklang mit den in Kapitel 3 festgelegten Aspekten.

Kapitel 5 fasst die Ergebnisse zusammen und gibt einen Ausblick auf zukünftige Herausforderungen. Anhand der Projektergebnisse werden Schlussfolgerungen gezogen und Empfehlungen zur Verbesserung von Mobilitätskonzepten vorgeschlagen.

2 Auf dem Weg zur nachhaltigen Mobilität im ländlichen Raum

In den vergangenen Jahrzehnten hat die Bedeutung von Mobilität auch in ländlich geprägten Regionen stark zugenommen.[1] Dies ist insbesondere darauf zurückzuführen, dass die Bevölkerung darauf angewiesen ist, ihren täglichen Aktivitäten und Bedürfnissen (z. B. Arbeiten, Einkaufen) nachgehen zu können. Hierauf hat auch die verstärkte räumliche Konzentration von Dienstleistung und Handel auf wenige Gemeinden bzw. Gemeindeteile einen erheblichen Einfluss. Zunehmend im Vordergrund steht bei alledem die Absolvierung der Wege in einer möglichst effizienten und umweltfreundlichen Art und Weise sowie die Verbesserung der Lebensqualität in diesen Gegenden, insbesondere derer, für die Mobilität ein Problem darstellt (mobilitätseingeschränkte Menschen, bspw. Ältere, die nicht selbst Auto fahren).

Der Begriff des ländlichen Raumes ruft viele unterschiedliche Assoziationen hervor, die durch einen allumfassenden Definitionsversuch nicht eingeschlossen werden können (BBSR, 2012). Im Kontext dieses Berichts werden im Einklang mit der Abgrenzung des Bundesinstituts für Bau-, Stadt- und Raumforschung im Bundesamt für Bauwesen und Raumordnung ländliche Räume als gering verdichtete Gebiete mit hohem Freiraumanteil definiert (BBSR, 2012). Die maßgeblichen Metriken für die Einteilung der Gebiete in Deutschland sind die Bevölkerungsdichte sowie der Siedlungsflächenanteil. Die Bestimmung des ländlichen Raums unter diesen Prämissen wird im Folgekapitel aufgegriffen.

Mobilität wird dabei stets abhängig vom Betrachtungswinkel (z. B. Architekten, Stadtplaner oder Ingenieure) definiert, woraus Unterschiede in der Allgemeingültigkeit der jeweiligen Definitionen resultieren (Kutter, 2005). Eine gängige Sichtweise ist die folgende: „Der von dem lateinischen mobilitas abgeleitete Begriff der Mobilität bedeutet in der wörtlichen Übersetzung Beweglichkeit. Die Mobilität im Verkehrswesen lässt sich somit beschreiben als Möglichkeit zur bedarfsgerechten Ortsveränderung einzelner Personen oder von Personengruppen bzw. von Gütern, wobei der Bedarf objektiven und subjektiven Einflüssen unterliegt. Während die Mobilität eher das Potential zur Bewegung ausdrückt, kennzeichnet der Verkehr die Realisierung

---

[1] Der Begriff ländlich geprägter Raum wird als allgemeinerer Ausdruck für den ländlichen Raum verwendet, um der Fülle der Abgrenzungsmöglichkeiten des ländlichen Raums Rechnung zu tragen. Kapitel 2.1 zeigt verschiedene Abgrenzungsmöglichkeiten auf und definiert den ländlichen Raum.

eben dieser Bewegung zur zielgerichteten Ortsveränderung. Verkehr ist demzufolge das wesentliche Mittel, um die angestrebte Mobilität zu erreichen. Aber nicht jede Form von Verkehr ist ein Ausdruck von Mobilität. Beispielsweise kann der in Ballungsräumen zunehmende Parkraumsuchverkehr zweifellos nicht als mobilitätsfördernd bezeichnet werden." (Martin, 2006)

Bei Mobilität geht es also um mehr, als nur die Fähigkeit von „A" nach „B" zu gelangen. In den vergangenen Jahren gewann auch die Frage, wer in der Lage ist mobil zu sein, im öffentlichen und privaten Verkehr an Bedeutung. So gibt Helmut Holzapfel zu bedenken: „Häufig wird nicht einmal danach gefragt, wer eigentlich ein Recht auf Mobilität haben sollte" (Holzapfel, 2012). Doch genau dies sollte die zentrale Frage in einer alternden Gesellschaft, wie der deutschen, sein.

Es ist nichtsdestotrotz so, dass nicht nur ältere Bürger, sondern auch junge Menschen Probleme bekommen, wenn das Mobilitätsangebot und die Infrastruktur nicht anforderungsgerecht gestaltet sind. Die betroffenen Gesellschaftsgruppen können in einem solchen Fall nicht in angemessener Form am gesellschaftlichen und wirtschaftlichen Leben teilhaben (Pro Bürgerbus NRW e.V., 2014).

Um diese Teilhabe mobilitätseingeschränkten Menschen insbesondere in ländlich geprägten Räumen zu ermöglichen, kann ein Fahrdienst eine Option zur Verbesserung der innerörtlichen Nahmobilität sein. Die folgende Darstellung zeigt das Elektroauto des e-Fahrdienstes in Boxberg, um einen ersten Eindruck zu vermitteln. Eine detaillierte Betrachtung erfolgt in Kapitel 3.

Abbildung 2-1: Alltagssituation des e-Fahrdienstes in Boxberg

Fahrdienste stellen einen bedarfsorientierten Bürgerverkehr auf ehrenamtlicher Basis dar und verkehren als eine flexible Angebotsform des ÖPNV in räumlicher und zeitlicher Hinsicht. Sie haben in der Literatur auch unter dem Begriff Bürgerauto bzw. Bürger(ruf)auto Eingang gefunden (NVBW, 2015).[2] Sie ähneln damit einem Anrufbus im Flächenbetrieb mit ausschließlicher Haustürbedienung, einem so genannten F-Bus (BMVBS, 2009) (vgl. Kapitel 3.4). Eine Fahrt findet also nur statt, wenn mindestens ein Fahrtwunsch für ein definiertes Zeitfenster des Angebots vorliegt. Als bedarfsorientierter Bürgerverkehr weist der Fahrdienst ein hohes Maß an Flexibilität auf, da die Routenführung von den Bedürfnissen und Wünschen der Fahrgäste abhängig ist. Mobilitätseingeschränkte Bürger werden an ihrem Wohn- bzw. Standort abgeholt und an das gewünschte Ziel gebracht. Dabei ist kein fester Linienverlauf vorgesehen, sondern explizit ein individueller Transport mehrerer Personen.

Wesentliches Merkmal eines Fahrdienstes ist das ehrenamtliche Engagement der Bürger, die als Fahrerinnen und Fahrer (Fahrpersonal) allgemein in einem Trägerverein organisiert sind.

---

[2] Dieser Bericht verwendet die Begriffe Fahrdienst, Bürgerauto sowie Bürgerrufauto synonym.

Ein Fahrdienst ergänzt sowohl den motorisierten Individualverkehr als auch konventionelle Busverkehre und Fahrdienstleistungen (z. B. Taxi), tritt mit diesen aber nicht in direkte Konkurrenz. Der Fahrdienst dient auch als Zubringer für die bestehenden Mobilitätsangebote im örtlichen Bereich. Zum Einsatz kommt ein Großraum-Pkw, der in der Regel maximal fünf Personen Platz bietet (NVBW, 2015). Im Falle eines e-Fahrdienstes handelt es sich dabei um ein Elektrofahrzeug.

Fahrdienste bzw. Bürgerautos sind in Baden-Württemberg eine bisher eher vereinzelt auftretende Ergänzung des ÖPNVs im Sinne einer wenig koordinierten Nachbarschaftshilfe und bedienen vor allem die Zielgruppe mobilitätseingeschränkter Menschen,[3] deren Größe dazu führt, dass diese Gruppe im Bereich des „klassischen" ÖPNVs meist vernachlässigt, zumindest nicht vorrangig betrachtet wird. Vorreiter eines elektromobilen Fahrdienstes ist in Baden-Württemberg die Gemeinde Oberreichenbach, die bereits im Jahr 2012 ein Elektro-Bürgerauto mit ehrenamtlichen Fahrern etabliert hat und weiterhin erfolgreich betreibt.

Vor dem Hintergrund der Elektromobilität ist die Energieversorgung ein weiterer und zunehmend wichtiger werdender Aspekt bei Verkehrssystemen. Gemäß einer Energieprognose durch das Bundesministerium für Wirtschaft und Technologie (BMWi) werden in Deutschland die realen Preise für Benzin und Diesel 2030 um ca. 25 % höher sein und 2050 bis 40 % höher sein als 2011 (Schlesinger, 2014). Dennoch sind die Kosten nicht der einzige wichtige Aspekt, den es zu betrachten gilt. Fossile Brennstoffe tragen zur globalen Erderwärmung sowie zur Verschmutzung der regionalen Umgebung bei und stellen daher eine gewaltige Herausforderung für den Umweltschutz dar. Deutschland hat bereits erste Schritte zur Reduzierung der Umweltverschmutzung und zu mehr Energieunabhängigkeit unternommen (AEE, 2015).

Diese von der Bundesregierung angestoßene Energiewende fokussiert auf die Verbesserung der Energieeffizienz u.a. als eine wirtschaftlichere und realisierbarere Nutzung von Elektrizität und erneuerbarer Energie als wesentliche Stütze des Energieangebots (Auswärtiges Amt, 2015). Bei der Beförderung spielt das eine große Rolle, da Prognosen bereits zeigen, dass der Energieverbrauch in diesem Bereich aufgrund des zunehmend effizienteren Kraftstoffverbrauchs der Fahrzeuge und der expandierenden Elektromobilität sinkt (Schlesinger, 2014).

---

[3] Vgl. Kapitel 3.2.

Nachhaltigkeit und Mobilität

Die Energiewende ebnet den Weg für eine nachhaltige Entwicklung, die per Definition zukünftigen Generationen den gleichen Lebensstandard wie gegenwärtigen Generationen ermöglichen soll (Brundtland, et al., 1987). Dabei sollen soziale, umweltbedingte und wirtschaftliche Aspekte gleichermaßen betrachtet werden.

Ein Einklang dieser Trias entsteht aber nicht spontan; vielmehr ist es so, dass Regierungen weltweit diese Bestrebung strategisch lancieren, durch gezielte Förderungen anstoßen und die operative Umsetzung begleiten. Ziel ist es hierbei, langfristige Veränderungen herbeizuführen, die neben vereinzelten Projekten stärker Projektprogramme in den Vordergrund stellen, um so tiefgreifende, gesellschaftliche Veränderungen herbeizuführen (Schutte, 2009).

In diesem Kontext argumentiert Hawkes (Hawkes, 2001) dass die Betrachtung einer kulturellen Komponente im Zusammenhang mit der Nachhaltigkeitsdebatte potentielle Vorteile herbeiführen kann: bspw. hilft die Integration kultureller Blickwinkel bei der erfolgreichen Implementierung des sogenannten Public Program Management[4] in der Praxis. Das Konzept umfasst alle Phasen des Managementprozesses, von der Beschreibung einer Idee bis zur grundsatzkonformen Umsetzung in der Praxis. Kultur fungiert dann als synergetisches Mittel, das die Balance zwischen den Triasbereichen schafft, um auch die Bedürfnisse zukünftiger Generationen befriedigen zu können (Schutte, 2009). Behörden sind dann nicht nur im Rahmen des Entscheidungsprozesses oder als Geldgeber von Bedeutung, sondern sie sind stetiger Partner bei der Implementierung einer Lösung, die der gesamten Bevölkerung dienen soll.

Bezüglich Nachhaltigkeit spielt Mobilität eine wichtige Rolle, da sie die Basis unseres Lebens und Wirtschaftens bildet (Horx, 2010). Wie bereits erwähnt, müssen sich Menschen räumlich bewegen, um ihre täglichen Aktivitäten auszuführen. Diese reichen von der Absicherung der Grundbedürfnisse über das Nachgehen der Arbeit bis hin zur Pflege von sozialen Kontakten. Nur durch Mobilität wird es der Gesellschaft möglich sein, ihre täglichen Aktivitäten zu verrichten und so den Motor der Wirtschaft und des sozialen Lebens einer Gegend anzutreiben. Um jedoch Nachhaltigkeit zu

---

[4] In einem öffentlichen Programm werden miteinander verwandte Projekte zusammengefasst, bei denen die öffentliche Hand Auftraggeber ist. Durch eine projektübergreifende Planung, Steuerung und Kontrolle wird das Ziel verfolgt, die Projekte in ihrer Summe effektiver und effizienter durchzuführen, als dies individuell möglich wäre.

erreichen, muss auch Mobilität in sich nachhaltig sein. Im Allgemeinen muss Mobilität flexibel (Menschen müssen sich dorthin bewegen können, wohin sie möchten), bezahlbar, sicher, sauber (die Wahrung der Gesundheit der Fahrgäste und der Umwelt) und zuverlässig (in Bezug auf Durchführung und Qualität der Dienstleistung) sein (TNS Infratest, 2012) (TNS Infratest, 2013). Daher müssen betriebliche Hindernisse wie z. B. fehlende Fahrausweisintegration verschiedener Verkehrsverbünde, räumliche und zeitliche Betriebslücken oder einseitig monomodal fixierte Mobilität minimiert werden. Des Weiteren muss Infrastrukturmängeln bei fehlender Niederflurigkeit von Fahrzeugen, einer unzureichenden Anzahl von geeigneten Zugangspunkten oder fehlender Barrierefreiheit der Fahrzeuge entgegengewirkt werden. Mobilität sollte als ein integriertes Konzept betrachtet werden, das verschiedene Transportarten ermöglicht, so die Flexibilität erhöht und damit potentiellen Nutzern verschiedene Optionen anbietet, ohne diese dabei zu diskriminieren. Das bedeutet u.a. der Transport muss behindertengerecht und allgemein zugänglich sein. Um diese Ziele zu erreichen, wurde das Recht auf Mobilität, also die Möglichkeit sich frei zu bewegen und Örtlichkeiten mit verschiedenen Transportmöglichkeiten zu erreichen, teilweise sogar gesetzlich verankert (Petersen, 1995).

Elektromobilität

Elektromobilität ist dadurch gekennzeichnet, dass für den Antrieb elektrische Energie genutzt wird. Damit ist die Elektromobilität eine wichtige Triebkraft für eine umweltfreundliche Mobilität. Zudem spielt die Elektromobilität eine wichtige Rolle bei der Energiewende in Deutschland. Elektromobilität geht einher mit der Unabhängigkeit von fossilen Brennstoffen (AEE, 2015) und ist auch eine Komponente, die eine Kombination der grundlegenden Ziele der Umweltpolitik mit der Industrie- und Verkehrspolitik auf eine Art und Weise ermöglicht, von der die Menschen durch saubere und leise Technologien profitieren können. Zum einen wird so die Wirtschaft gefördert, indem neue Arbeitsplätze in der Elektroindustrie geschaffen und Dienstleistungen für die Implementierung der Konzepte in Deutschland und international angeboten werden. Zum anderen wird die lokale sowie globale Umwelt geschont, wenn mehr elektrische Autos eingeführt werden, die mit sauberer Energie (Ökostrom) angetrieben weniger CO_2, geringere Abgase insgesamt und verminderte Geräusche emittieren.

Vielversprechend ist, dass in einigen Bereichen (z. B. Pendlerverkehre, betriebliche Flottenverkehre) die Elektromobilität bereits Vorteile bezüglich der Betriebskosten im

Vergleich zum Verbrennungsmotoren aufzeigt (Stella, 2015). Diese Vorteile werden in der Zukunft durch verbesserte Technologien (Erhöhung der Batteriereichweite, kürzere Batterieladenzeiten, Erhöhung der Energiedichte der Batterien) nur verstärkt.

Allerdings wird Elektromobilität im Straßenverkehr von der Bevölkerung in Deutschland noch nicht im politisch gewünschten Umfang angenommen. Das liegt daran, dass die Kosten der Fahrzeuge und der Infrastruktur hoch sind, die Menschen der Zuverlässigkeit des elektrischen Systems nicht trauen (Krempl, 2013) oder die maximale Entfernung, die das Auto ohne Zwischenladen fahren kann, noch nicht für die Alltagsmobilität vieler Menschen ausreicht. Dennoch ist entsprechend dem Ziel der Bundesregierung, eine Million elektrische Autos bis 2020 in Deutschland zugelassen zu haben, eine Verbesserung der Situation zu erwarten (Nationale Plattform Elektromobilität, 2014). Die Anschaffungskosten für Elektrofahrzeuge werden sinken und die ohnehin niedrigen Betriebskosten machen diese Fahrzeuge konkurrenzfähig gegenüber Fahrzeugen mit Verbrennungsmotoren. Zudem wird die Technik absehbar zuverlässiger, und die Batterielebensdauer erhöht sich. Ein zusätzlicher Vorteil der Elektromobilität ist das geräuscharme und abgaslose Fahren, das lokal Abgas- und Lärmemissionen reduziert. Solche Entwicklungen machen ein Elektromobilitätskonzept für eine größere Anzahl von Privatnutzern aber auch Kommunen und Unternehmen attraktiv (Nationale Plattform Elektromobilität, 2014).

Die oben erwähnten Eigenschaften der Elektromobilität zeigen den Weg zu nachhaltiger Mobilität auf, in dem sie soziale, ökologische und wirtschaftliche sowie kulturellen Aspekte direkt ansprechen. Es ist jedoch von Bedeutung, dass sich die öffentliche Hand auch an einer umfassenden Einführung der Elektromobilität beteiligt, um das gewünschte Niveau der Nachhaltigkeit festzulegen. Länder wie Baden-Württemberg haben ausgedrückt, die das ehrenamtliche Engagement im öffentlichen Verkehr weiterhin zu unterstützen (Schiefelbusch, 2015). Durch Ausweitung dieser Bestrebungen in die Fläche, also die direkte Kommunikation in die Kommunen und das Aufzeigen von Best Practices für die Menschen vor Ort kann die Verbreitung der Elektromobilität signifikant vorangebracht werden.

2.1 Ländlich geprägte Räume verdienen mehr Aufmerksamkeit

90 % der Bevölkerung von ländlichen Gegenden sind auf ihre Autos oder eine andere Form des individuellen Transports angewiesen, um sich fortzubewegen (Kröhnert,

2011). Das liegt zum Teil an der ländlichen Siedlungsentwicklung, die durch weite Wege zwischen Stadtteilen gekennzeichnet ist. Diese stark dezentralisierte Siedlungsstruktur (auch: disperse Siedlungsstruktur)[5] führt gleichzeitig zu einer Konzentration von Dienstleistungen und sozialen Infrastrukturen in einigen wenigen Stadtteilen. Die Menschen, die auf den öffentlichen Verkehr angewiesen sind, haben oftmals nur sehr eingeschränkte Möglichkeiten, schnell und ohne Umwege an ihr Ziel zu kommen. Voraussetzung ist, dass ihr Zielpunkt angefahren wird oder in zumutbarer Nähe der Haltestelle ist.

Insbesondere aufgrund des kleineren wirtschaftlichen, kulturellen und sozialen Angebots verkleinert sich die Bevölkerungszahl im ländlichen Raum tendenziell und bewirkt so wiederum auch eine geringere Nachfrage nach öffentlichen Verkehrsangeboten (Kröhnert, 2011). Hierdurch wird die Aufrechterhaltung des ÖPNV erschwert, da es nicht zuletzt auch den Verkehrsunternehmen an Anreizen für den Erhalt des Status Quo oder Ausbau des Mobilitätsangebots fehlt. Die hieraus resultierende Abnahme an öffentlichen Verkehrsangeboten bewirkt eine Abnahme der Attraktivität des ländlichen Raums, sodass bspw. weniger Menschen dort wohnen wollen. Durch diese mangelnde Attraktivität ist auch der Zuzug neuer Einwohner erschwert. Zusammengenommen ist deshalb die politische Förderung einer regionalen Entwicklung wichtig, um ländliche Gebiete nicht nur attraktiver sondern auch wettbewerbsfähiger zu gestalten und so einen Bevölkerungszuwachs zu generieren (BMVBS, 2009).

Bleibt dagegen die beschriebene Abwärtsspirale (Topp, 2005) dominant, werden die Menschen bestärkt, noch mehr auf ihr eigenes Auto zu vertrauen, was wiederum zu weniger Nachfrage des öffentlichen Verkehrs führt. Zudem bieten öffentliche Verkehrsunternehmen in ländlichen Gegenden die oftmals Fahrten nur zu bestimmten Tageszeiten an, wie Schulfahrten am Morgen und Nachmittag, wohingegen das Angebot außerhalb dieser Zeiten stark reduziert ist. Diese Entwicklungen zusammen lassen Menschen, die auf öffentliche Verkehrsmittel angewiesen sind, kaum eine Möglichkeit mobil zu bleiben.

---

[5] S.a. Glossar

Dementsprechend werden intelligente, nachhaltige und innovative Konzepte benötigt, die die Mobilität aller Bewohner von ländlichen Gegenden verbessern (Bayern, 2015).

Zusammenfassend ist deshalb die politische Förderung der regionalen Entwicklung wichtig, um ländliche Gebiete wieder attraktiv und wettbewerbsfähig zu machen und so einen Bevölkerungszuwachs zu generieren (BMVBS, 2009).

2.2 Stand der Forschung und Praxis

Es gibt andauernde, weitreichende makroökonomische Entwicklungskräfte, die zu tiefgreifenden gesellschaftlichen und technologischen Veränderungen führen, dadurch die Märkte der Zukunft beeinflussen und das Geschehen in einer globalisierten Welt im Besonderem beeinflussen. Diese so genannten Megatrends können technologischer, sozialer oder wirtschaftlicher Natur sein und sind allgegenwärtig, sodass sie ein großes Spektrum der Gesellschaft in allen Lebensräumen tangieren. Insbesondere beeinflussen in Deutschland drei Tendenzen die Menschen hinsichtlich ihrer zukünftigen Präferenzen und ihres zukünftigen Verhaltens im Zusammenhang mit der Mobilität. Der demografische Wandel und die Urbanisierung werden im Folgenden in diesem Kontext erläutert. Neben der Elektromobilität (zum Erreichen einer nachhaltigeren Mobilität und als Beitrag zum Energiewende) sind die Digitalisierung und die „Share Economy"[6], zwei weitere wichtige Trends, die mit hoher Wahrscheinlichkeit zukünftig auch die Mobilität im ländlichen Raum beeinflussen (Heinrichs, 2013) und auf die noch eingegangen wird.

Beginnend mit der Darstellung des demografischen Wandels wird auch die Rolle der Infrastruktur im ländlichen Raum diskutiert, die Notwendigkeit flexibler Bedienformen im ÖPNV aufgezeigt und im Kontext von Bürgerautos auch das Ehrenamt hervorgehoben.

---

[6] Im deutschsprachigen Raum wird auch die Bezeichnung kollaborativer Konsum (Kokonsum) verwendet und meint damit insbesondere die gemeinschaftliche Nutzung eines Gegenstandes durch verschiede Personen, sodass nicht jede Person diesen Gegenstand besitzen muss (Heinrichs, 2013).

Demografischer Wandel

Die Bevölkerung von ländlichen Gegenden wird in der Zukunft überwiegend durch ältere Menschen und weniger durch junge Menschen geprägt sein. Durch diesen Bevölkerungsstrukturwandel müssen Dienstleistungen angemessen zur Verfügung gestellt werden, damit die ältere Bevölkerung noch entsprechend am sozialen und wirtschaftlichen Geschehen teilhaben kann. Mobilität spielt insbesondere für eine selbständige Lebensführung eine große Rolle (Topp, 2005).

Laut Schätzungen wird die Weltbevölkerung von ca. 7 Milliarden Menschen Stand 2014 bis Ende des Jahrhunderts auf ca. 12 Milliarden Menschen wachsen (Kock, et al., 2015), (Engelhard, 2015). Für Deutschland werden jedoch andere Entwicklungen vorausgesagt. Im Jahr 2015 hat Deutschland eine Bevölkerung von 82,5 Millionen Menschen gehabt. Laut den Zahlen des Statistischen Bundesamts (vgl. Abbildung 2-2) wird sich diese Zahl bis 2050 um 3 bis 15 Millionen Einwohner reduzieren. Die Höhe des Rückgangs hängt stark von Annahmen über Geburts-, Sterbe- und Zuwanderungsraten ab. Dennoch sind sich alle Prognosen einig, dass die Bevölkerung bis zum Jahre 2030 und darüber hinaus zurückgehen wird.

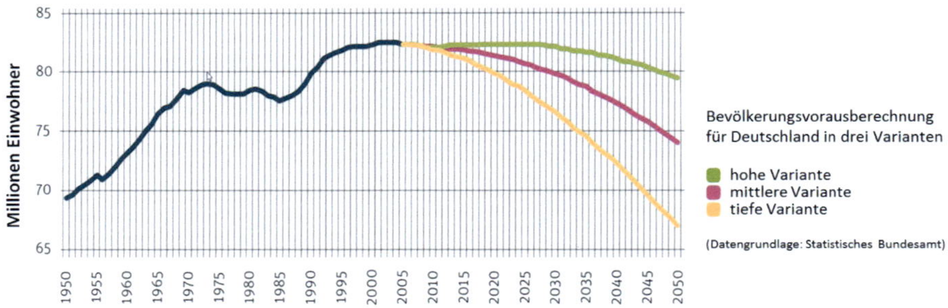

Abbildung 2-2: Bevölkerungsentwicklung und szenariobasierte Bevölkerungsvorausberechnung für Deutschland

Der weltweite Bevölkerungszuwachs wird im Allgemeinen in Megacities und in städtischen Ballungsräumen größer sein. Beispielsweise lebten im Jahr 2009 erstmals mehr als 3 Milliarden Menschen in Städten - bis 2030 wird sich diese Zahl voraussichtlich auf rund 5 Milliarden erhöhen (Bähr, 2015). Laut Aussagen der Weltbank liegt der durchschnittliche Anteil von Menschen, die heute in Städten leben, bei 54,3 %. Jedoch ist diese Zahl in vielen Ländern, insbesondere in Industrienationen noch weitaus höher. Dies ist auch in Deutschland der Fall, wo 2015 75 % der Gesamtbevölkerung in städtischen Ballungszentren wohnte; das entspricht mehr als 62 Millionen Menschen (Bähr, 2015).

Entsprechend der Prognosen des Ministeriums für Wirtschaft und Soziales der Vereinten Nationen soll dieser Prozentsatz bis 2030 auf 78 % wachsen. Somit werden bezogen auf Deutschland etwas mehr als 12 Millionen Menschen in ländlichen Gebieten wohnen. Trotzdem ist diese Zahl durchaus nicht unbedeutend, und es müssen weiterhin Dienstleistungen zur Sicherstellung einer guten Lebensqualität zur Verfügung gestellt werden.

Ein weiteres Phänomen, das in Deutschland und in anderen Industrienationen vorkommt, ist der Wandel der Altersstruktur der Bevölkerung. Dies beeinflusst auch die Infrastruktur und den Dienstleistungsbedarf eines Raumes, da verschiedene Altersgruppen unterschiedliche Bedürfnisse bzgl. Dienstleistungen (z. B. Telekommunikation), sozialer Infrastruktur (z. B. Schulen vs. Krankenhäuser), Straßenbau (z. B. Rampen für Zugänglichkeit für ältere Menschen), Arbeitsplätze sowie kulturelle Veranstaltungen und Unterhaltung haben. Der demografische Wandel führt in dieser Hinsicht zu großen Herausforderungen für die Lebensqualität der unterschiedlichen Bevölkerungsgruppen und betrifft insbesondere auch ländliche Gegenden, in denen die Bevölkerungsdichte abnimmt. Ein weiterer demografischer Aspekt, der eine strukturelle Veränderung der Bevölkerung nach sich zieht, ist die Einwanderung. Es wird angenommen, dass der 2015 begonnene, zeitweise verstärkte Zustrom an Einwanderern in Europa die Bevölkerungsabnahme nicht umkehren wird (Kröhnert, 2011). Allerdings ist es durchaus möglich, dass die Versorgung mit Infrastruktur und Dienstleistungen eine Herausforderung werden wird, je nachdem, wo sich Einwanderer niederlassen.

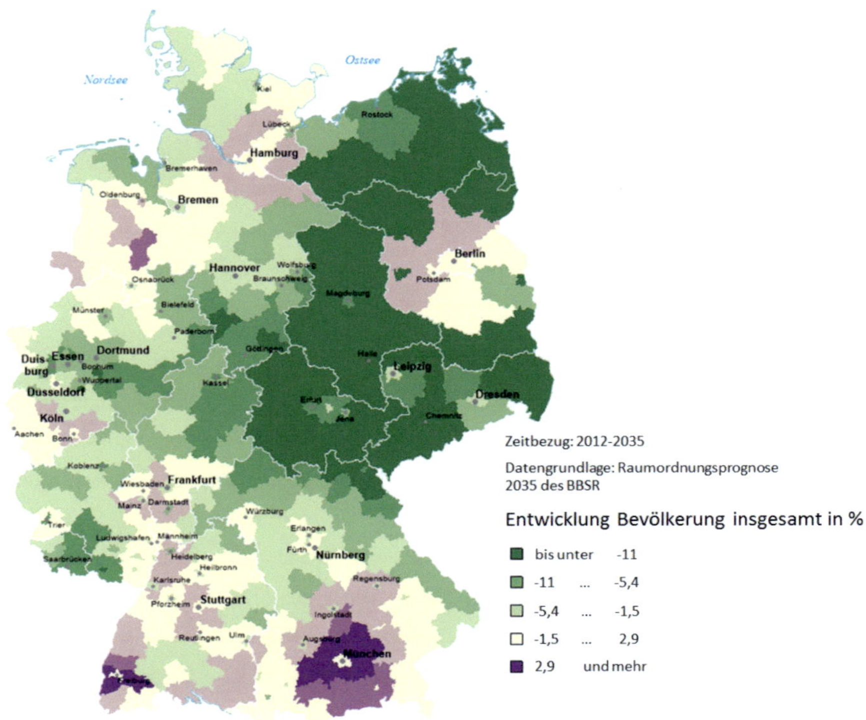

Abbildung 2-3: Prognose der Entwicklung der Bevölkerung in Deutschland 2012-2035[7]

Trotz der Bevölkerungsabnahme wird diese nicht gleichmäßig in den Regionen Deutschlands ablaufen. Sowohl im ländlichen Raum als auch in städtischen Ballungsräumen ist u.a. in den folgenden Regionen der Bundesrepublik von einem stärkeren Rückgang auszugehen: im Nordosten (ausgenommen sind Gegenden um Berlin), im Nordwesten (rund um Bremerhaven), in Mitteldeutschland (um Fulda, Kassel, Erfurt) und in einigen traditionellen Industriegebieten im Westen (z. B. Ruhrgebiet) und im mittleren Südwesten.

Dieser Rückgang, der die ländlichen Gebiete noch stärker betreffen wird, wird spiraldynamische Auswirkungen haben: Weniger Einwohner in einer Kommune führen zu sinkenden Steuereinnahmen die ihrerseits eine Reduktion der zur Verfügung stehenden Dienstleistungen und Infrastruktur vor Ort nach sich ziehen können. Diese Re-

---

[7] (BBSR, 2016)

duktion macht eine Kommune unattraktiver, weshalb weniger Einwohner in einer Kommune bleiben oder in diese zuziehen. Aus der Analyse der Abbildung 2-3 lässt sich ablesen, dass Baden-Württemberg dagegen, trotz einigen Ausnahmen (z. B. in Rottweil oder im Main-Tauber Kreis) mit einem Rückgang (-5-0 %), insgesamt einen leichten (0-5 %) bis mäßigen (5-10 %) Bevölkerungsanstieg erleben wird. Die Gegenden in Baden-Württemberg die stärker wachsen werden, sind die Region Stuttgart, Freiburg sowie angrenzende Landkreise.

Eine genauere Betrachtung des demografischen Wandels auf Gemeindeebene, die in Deutschland bis zu 60 % des Gebiets ausmacht (ADAC, 2014), bestätigt die ländliche Bevölkerungsdynamik und unterteilt diese detaillierter in Gegenden mit Bevölkerungsabnahme oder marginalem Wachstum.

Für die Bestimmung der Mobilitäts- und Infrastrukturanforderungen sind neben der Gesamtbevölkerung einer Gegend auch die Altersstruktur und die Lebensverhältnisse der Einwohner wesentliche Aspekte. Ein wichtiger Punkt ist z. B. die Rate der Menschen, die auf andere angewiesen sind (Jugendquotient und Altenquotient). Diese bestimmt die potenzielle Anzahl der Menschen mit Mobilitätsbeschränkungen. Das Alter ist deswegen so wichtig, weil erwartet wird, dass Menschen zunehmend älter werden und dennoch für längere Zeit eine relativ gute körperliche und geistige Fitness aufweisen. So bleiben sie länger wirtschaftlich und sozial aktiv. Dementsprechend müssen adäquate Dienstleistungs- und Mobilitätsangebote zur Verfügung gestellt werden.

Aufgrund der schnellen technologischen Fortschritte kann nicht davon ausgegangen werden, dass die zukünftige Seniorengeneration die gleiche Mentalität und Auffassung haben, wie die heutige. Daher ist anzunehmen, dass die Nachfrage nach flexibler und dynamischer Mobilität im Vergleich zu heute steigen wird. Die voranschreitende Digitalisierung befähigt bspw. digitalere und personalisiertere Mobilitätsservices (bspw. Echtzeit-Service-Buchung via App o.ä.).

Die Auswirkungen auf kleine und ländliche Gemeinden in Baden-Württemberg (und Deutschland) sind allgegenwärtig. Auch wenn die Bevölkerungszahlen zurückgehen oder in bestimmten Gegenden etwas zunehmen, wächst die Anzahl der Menschen, die auf alternative Mobilitätsformen angewiesen sind, absolut. Nicht nur aufgrund der Gesundheit oder des Alters wird der Infrastrukturbedarf ein anderer sein (z. B. im öffentlichen Verkehr). Da der Prozentsatz und die Anzahl an Senioren (zwischen 65 und 70 Jahren) im Jahr 2030 höher sein wird als heute, kann dies für einen ehrenamtlichen Fahrdienst sogar als Vorteil gesehen werden, da die meisten Ehrenamtlichen gegenwärtig aus dieser Altersklasse stammen (BBSR, 2012).

Für eine effiziente Mobilität ist die Siedlungsstruktur von ländlichen Gegenden besonders zu beachten. Das liegt daran, dass Mobilität stark von der Verteilung und der Dichte der Bevölkerung im Verhältnis zu den angebotenen Dienstleistungen und Infrastrukturen abhängt. In Deutschland wird Mobilität im Allgemeinen von der städtischen Struktur und ihrer Ausgestaltung geprägt. Traditionell wird in Deutschland die Verkehrsplanung eng mit der Stadtentwicklung verzahnt. Im ländlichen Raum wird diese Verbindung jedoch durch das vergleichsweise geringe Angebot im ÖPNV bestimmt, sodass dort die anteilmäßige Verteilung der Verkehrsmittel bei typischerweise größeren Wegstrecken vom motorisierten Individualverkehr dominiert wird. Dies erhöht den Bedarf an individueller Mobilität, insbesondere für Menschen mit eingeschränkter Beweglichkeit. In Bezug auf verschiedene Altersgruppen, greifen ältere fahrtaugliche Menschen mit steigender Tendenz auf den motorisierten Individualverkehr zurück, wohingegen eine gegensätzliche Entwicklung bei jungen Menschen zu beobachten ist, da diese öffentliche Verkehrsmittel verstärkt nutzen (infas, 2010).

Um für Mobilität die Höhe des potenziellen Bedarfs zu ermitteln ist es bedeutend, die Art der Siedlung und die Anzahl der Menschen, die durch einen Rückgang des Mobilitätsangebots betroffen wären, zu untersuchen (Wuppertal Institut für Klima, Umwelt, Energie GmbH, 2009). Um die Raum- und Siedlungsstruktur in dieser Studie zu beschreiben, wird sich an das in 2008 abgeschlossene Raumordnungsgesetz des Bundesamts für Bauwesen und Raumordnung (BBR) gehalten, insbesondere bei den Raumkategorien und dem Konzept der zentralen Orte (BBSR, 2012). Das Bundesinstitut für Bau-, Stadt- und Raumforschung im Bundesamt für Bauwesen und Raumordnung (BBSR) sieht zwölf siedlungsstrukturelle Gebietstypen vor, je nach Analyseaspekten anhand der Skala auf der sie analysiert werden sollen: Gemeinden, Kreise, Regionen. Für die Untersuchungen in diesem Projektbericht sind nur Gemeinden und Kreise relevant. Die Gemeindeebene ist eingeteilt in Stadt- und Gemeindetyp mit den Kategorien Groß-, Mittel-, Kleinstädte und Landgemeinden. Diese sind zur weiteren Unterscheidung unterteilt, indem die Attribute „groß" oder „klein" an die drei Kategorien angehängt werden (z. B. größere Kleinstadt vs. kleinere Kleinstadt). Auf Kreisebene sind die Gebiete unterteilt in städtischen Raum und ländlichen Raum. Diese sind weiter unterteilt in vier siedlungsstrukturelle Kreistypen: kreisfreie Großstädte, städtische Kreise, ländliche Kreise mit Verdichtungsansätzen und dünn besiedelte ländliche Kreise. Zwei Parameter werden unterschieden, um die Kategorien auf Gemeindeebene zu bestimmen: Verteilung von Bevölkerung im Raum (d.h. Dichte) und die räumliche Verteilung von bedeutenden Raumfunktionen in Zentren (Lage zu zentralen Orten) (BBR, 2005). Seit 2010 wurden diese zwei Parameter weiterentwickelt und in die zwei räumlichen Basisstrukturmerkmale, Besiedelung und Lage weiter differenziert.

„Besiedelung durch Unterscheidung zwischen überwiegend städtisch und ländlich geprägten Gebieten, klassifiziert nach Bevölkerungsdichte und Siedlungsflächenanteil (lokale/kleinräumige Maßstabsebene: z. B. ländlich)" (BBSR, 2010).

„Lage, d.h. Unterscheidung zwischen zentral und peripher gelegenen Räumen, klassifiziert nach potenziell erreichbarer Tagesbevölkerung (regionale/großräumige Maßstabsebene: z. B. peripher)" (BBSR, 2010).

Des Weiteren wird die Versorgungsfunktion eines Ortes unter diesem zentralen Ort-Konzept berücksichtigt. In Deutschland gibt es drei zentralörtliche Grundstufen, die nach den vorhandenen grundlegenden Dienstleistungen und der Bevölkerung eingeteilt werden: Oberzentrum, Mittelzentrum und Grund-/ Kleinzentrum[8] (BBSR, 2012). Kleinere Zentren fungieren als Trabantensiedlung für größere städtische Zentren in der Region und sind diejenigen, die in dieser Studie vorherrschen. Meist wird dort nur gewohnt, in die Kirche gegangen und beim Bäcker eingekauft, Arbeitsplätze gibt es kaum vor Ort. Dadurch wird es erforderlich, je nach Lage, näher oder weiter zu fahren, um alltägliche Bedürfnisse zu stillen. Im Gegensatz dazu verfügen größere urbane Zentren fast alle über soziale und kulturelle Einrichtungen, Dienstleistungen und Arbeitsplätze.

Dadurch, dass Entfernungen zwischen kleinen und größeren städtischen Zentren meistens groß sind, werden Menschen abgeschreckt, freiwillig individuelle Arten der

---

[8] Ein Grund-/ Kleinzentrum verfügt über typische Ausstattungen wie Postfiliale, Bank, Grundschule, Apotheke, Allgemeinarzt, Zahnarzt, Sporthalle, Einzelhandel und hat ca. 7.000 bis 10.000 Einwohner.

Mobilität wie Laufen, Fahrrad fahren oder die öffentlichen Verkehrsmittel zu nutzen. Diese Situation wird verschlechtert durch Faktoren wie Topografie, Alter, und geringe zeitliche Flexibilität. Die Kombination fehlender Mobilitätsangebote und großer Entfernungen stellt eine Herausforderung dar. Erschwerend kommt für Menschen in kleinen Zentren hinzu, dass die Verbindungen zu den größeren Zentren oft nur erschwert erreichbar sind (z. B. schmale oder - topografisch bedingt - steile Wege). Im Allgemeinen ist es nicht möglich alle Gegenden in der gleichen Quantität und Qualität, wie es in städtischen Ballungsräumen möglich ist, mit dem ÖPNV zu verbinden. Da oftmals kein regelmäßiger öffentlicher Verkehr angeboten werden kann und die Menschen dann ausschließlich auf individuelle Mobilität angewiesen sind, bekommen ländliche Gegenden ein schlechtes Image. Um diese Nachteile zu kompensieren ist es notwendig, andere Transportmodelle oder besser Stadt- und Verkehrsplanung in Abstimmung mit der vorhandenen Siedlungsstruktur zu implementieren.

Infrastruktur im ländlichen Raum

Die Bereitstellung von Infrastruktur ist eng an demografische Veränderungen gebunden. Da ländliche Gegenden den demografischen Wandel grundsätzlich nicht vermeiden können, müssen sie darauf adäquate Reaktionen finden. Aufgrund der Veränderungen werden für verschiedene Altersgruppen besondere Anforderungen an die Infrastruktur gestellt.[9] Die Bereitstellungskosten der Infrastruktur werden aufgrund einer Streusiedlungsstruktur nicht nur teurer gegenüber Ballungszentren sondern auch ineffizienter.

Durch den Rückgang der Zahl junger Menschen und den Zuwachs an älteren Menschen in ländlichen Gegenden wird sich auch die Art der Kommunikation innerhalb der Orte ändern (Nutzung alter und neuer Formen von „Unterhaltungstreffpunkten"). Örtlichkeiten zum Feiern werden seltener (z. B. Diskotheken) und ruhigere Freizeiteinrichtungen (z. B. Seniorenzentren) nehmen zu. Dadurch verliert die ländliche Gemeinde weiter an Attraktivität für junge Erwachsene und Familien (Gemeindebund, 2006). Daher wird diese Bevölkerungsgruppe sich eher in Städten niederlassen, wo sie Zugang zu einer Vielzahl an Dienstleistungen und Annehmlichkeiten für sich und ihre Kinder haben. Daraus erwächst der Anspruch für ländliche Gemeinden, ihre Wettbewerbsfähigkeit gegenüber anderen Kommunen zu erhalten und ihren Einwoh-

---

[9] Infrastruktur beinhaltet Straßen aber auch soziale Einrichtungen wie Schulen, Krankenhäuser etc.

nern eine gute Lebensqualität zu bieten. Zusätzlich wird das Problem eingeschränkter ÖPNV-Angebote in ländlich geprägten Räumen durch den Rückgang des Schülerverkehrs, durch die Abnahme der Bevölkerungsdichte sowie die Zunahme des Anteils älterer und mobilitätseingeschränkter Personen weiter verstärkt. Nicht nur in Baden-Württemberg strebt die Landesregierung an, die Mobilität insgesamt und insbesondere auch die Elektromobilität in ländlichen Gegenden zu verbessern (e-mobil BW, 2015). Eine gute Erreichbarkeit des Arbeitsplatzes, von Ärzten, Apotheken, Schulen oder Geschäften ist ein ganz wesentlicher Faktor bei der Zukunftssicherung ansprechender Lebensbedingungen in Städten und Gemeinden des ländlichen Raums. Um dieses Ziel umzusetzen, wird mit einer Anzahl an neuen Mobilitätskonzepten, die auf flexiblen Betriebs- und Angebotsformen basieren, versucht die fehlende Mobilität zu kompensieren. Örtliche und zeitliche Lücken werden im existierenden Verkehrsnetz geschlossen, auch dort, wo Expansion aufgrund von niedriger Nachfrage und räumlichen und infrastrukturellen Gegebenheiten keine plausible Lösung für den gewerblichen ÖPNV darstellt.

Flexible Bedienformen im ÖPNV

Um eine flexible Bedienungsform einzuführen, bedarf es zunächst der Festlegung der Ziele und der Beweggründe der beteiligten Entscheidungsträger. Sind diese festgestellt, muss die Eignung des Raums bezüglich drei zentraler Aspekte festgelegt werden (Wuppertal Institut für Klima, Umwelt, Energie GmbH, 2009):

1. Die Art der Mobilitätsbedürfnisse hängt vom potenziellen Bedienungsgebiet ab und kann je nach Region sehr unterschiedlich gestaltet sein. So können in ländlichen Gegenden diese z. B. stark vom Bedarf des Transports zwischen Ortsteilen im Bedienungsgebiet ohne entsprechende Infrastruktureinrichtungen und den Kernorten abhängen.

2. Das Fahrgastpotenzial im potenziellen Bedienungsgebiet bezieht sich in der Regel auf die Einwohner der mit Infrastruktureinrichtungen unterversorgten Gemeinden und Ortsteile im gesamten Bedienungsgebiet.[10] Die Anzahl von potenziellen Passagieren einer Gegend für die Einführung flexibler Bedienungsformen liegt bei 3,000 bis 5,000 Einwohnern (BMVBS, 2009).

---

[10] S.a. Glossar

3. Das Vorhandensein der spezifischen Zielgruppe der mobilitätseingeschränkten Menschen ist ein wichtiger Aspekt für die flexiblen Bedienungsformen. Im Allgemeinen gehören zu dieser Gruppe, mit einigen Ausnahmen, Senioren, Jugendliche und Hausfrauen/-männer, die typische Freizeitaktivitäten vornehmen, Arzttermine wahrnehmen, einkaufen gehen und besonders wichtig im Fall von Pendlern, Anschlussverbindungen bekommen wollen (Schiefelbusch, 2015).

Sobald die Bedingungen für eine flexible Betriebsform festgestellt wurden, ist es wichtig die Angebotsform, die am besten zum Bedienungsgebiet passt, festzulegen. Diese hängen meist ab von einer Kombination an räumlichen und zeitlichen Flexibilitätselementen des Systems, des Betreibers und der Passagiere und den wirtschaftlichen und kundenorientierten Stärken und Schwächen einer jeden Form.

Verschiedene flexible Grundangebotsformen sind für den ländlichen Raum entwickelt worden. Jedes der Mobilitätskonzepte weist auf die Situation und den Raum zugeschnittene Charakteristiken auf, die sich in der Art des Fahrzeugs, den zu beachteten Regeln, der zeitlichen und örtlichen Flexibilität, der Koordination mit dem existierenden öffentlichen Verkehr, der Kunden und den Tarifen widerspiegeln (Böhler, 2009). Diese Konzepte betrachten insbesondere auch die Perspektive der Fahrgäste und nicht nur die der Verwaltung und der Unternehmen (Schiefelbusch, 2015) und helfen sowohl Entscheidungsträgern als auch Planern dabei, die richtige Ausprägung für ihre spezifische Situation zu wählen. Tabelle 2-1 beschreibt mit dem Bürger(ruf)auto einen Grundtyp der flexiblen Formen, der sich im ländlichen Raum in Deutschland entwickelt. Das ebenfalls dargestellte linienbasierte Konzept des Bürgerbusses ist ein weiteres ehrenamtlich realisiertes Angebot, das in Einzelfällen auch eine Flexibilisierung auf Teilrouten ermöglicht. Kürzlich wurden diese Konzepte mit Unterstützung des Ministeriums für ländlichen Raum und Verbraucherschutz und des Ministeriums für Verkehr und Infrastruktur in mehreren Bereichen des Landes, darunter auch in ländlichen Gebieten von Baden-Württemberg, mit Elektromobilität kombiniert. Die Grundangebotsformen, die implementiert worden sind, umfassen unter dem Begriff der Gemeinschaftsverkehre insbesondere das (e-)Bürgerauto sowie den (Schiefelbusch, 2015).

	Bürgerbus	Bürger(ruf)auto
rechtliche Angebotsform	§42 PBefG (auch nach §43 möglich)	FrStllgV (mit Tarif: §42 PBefG i.V. mit Sonderregel)
räumliche Flexibilisierung	meist Linie mit festen Haltstellen, einzelne teilflexibel	vollflexibel im Bedienungsgebiet
zeitliche Flexibilisierung	keine (Festfahrplan)	vollflexibel im Bedienungszeitraum, Bestellfristen meist Vortag
Abstimmung mit übrigem ÖPNV	stark ausgeprägt durch Genehmigungssystem, tlw. auch durch Kooperation mit VU	kein Abstimmungszwang, aber oft Vermeiden zeitnaher Parallelfahrten
Kundenkreis	Öffenlichkeit allgemein (bzw. bei Linie nach §43 beschränkter Kundenkreis)	Öffentlichkeit allgemein, tlw. Priorität für Senioren/Mobilitätsbehinderte
Anforderungen Fahrpersonal	Führerschein zur Fahrgastbeförderung	keine, ggf. lokale Festlegungen
Fahrzeugstandard	Einstiegshilfen und Linientauglichkeit sinnvoll	keine formalen Vorgaben
Tarif	Fester Tarif als Teil der Genehmigung, unterschiedliche Regelungen bzgl. Anerkennung von Verbundtarifen etc.	Beitrag zu Betriebskosten (Pauschalen möglich)
Beispiele	Salach, Denkendorf, Breisach u.v.a.	Bad Libenzell, Oberreichenbach, Boxberg

Tabelle 2-1: Bürgerbus und Bürger(ruf)auto als Beispiele für Gemeinschaftsverkehre[11]

Ehrenamtliches Engagement als zentraler Gestaltungsbereich

In der Vergangenheit wurden häufig strukturelle Anreize für ehrenamtliche Tätigkeiten gesetzt, um Gemeinden mit finanziell eingeschränkten Mitteln zu unterstützen. Von und Förderung von freiwilligem Engagement versprach man sich nicht nur eine Stärkung des gesellschaftlichen Zusammenhalts, sondern auch kreative und kostengünstige Lösungen für soziale Probleme. Ein wichtiges Beispiel ist die freiwillige Feuerwehr, die den Gemeinden einen bedeutenden Dienst erweist und gleichzeitig eine finanzielle Entlastung darstellt (Berlin-Institut für Bevölkerung und Entwicklung, 2011).

Menschen setzen sich heute in erster Linie freiwillig für etwas ein, weil es ihnen Freude macht und sie das Bedürfnis haben, anderen helfen zu wollen. Ebenso wichtig, wie in diesem Sinne karitativ zu handeln ist Befragten, dass sie mit „sympathischen Menschen" zusammenkommen und gemeinsam etwas anpacken, was ihnen wichtig ist. Freiwilliges Engagement soll sinn- und gemeinschaftsstiftend sein (Berlin-Institut für Bevölkerung und Entwicklung, 2011).

---

[11] Eigene Darstellung in Anlehnung an (NVBW, 2015).

Zugleich ist das wachsende Interesse an freiwilligem Engagement auch ein „Angebotseffekt": Mit den Babyboomern[12] wird eine große Gruppe von Menschen älter, die in der Regel gut ausgebildet und finanziell abgesichert ist. Die sehr Wohlhabenden unter ihnen gründen nicht selten Stiftungen – gegenwärtig werden in Deutschland jährlich etwa 900 Stiftungen neu eingerichtet. (Generali Deutschland Holding AG, Prognos AG, 2009) Mehr Menschen suchen jedoch eine sinnstiftende Tätigkeit nach Beruf und Familienphase, wollen aktiv an einer lebenswerten Kommune oder einer gerechten Gesellschaft mitwirken und dabei Gleichgesinnte treffen. Dabei wollen die Engagierten auch autonom bleiben und eigene Ideen verwirklichen. Selbstorganisiertes, freiwilliges Engagement von Bürgern für ihre Gemeinschaft soll lokale, aber auch übertragbare Lösungen finden, Probleme mildern und Lebensqualität erhalten – kreativ, gemeinschaftsstiftend und kostengünstig (Kröhnert, 2011). All diese Faktoren dürften in Zukunft nicht nur die Quantität, sondern auch die Qualität des freiwilligen Engagements verändern.

Forschungslücke

Wie wird sich ein auf ehrenamtlicher Arbeit beruhendes öffentliches Transportsystem in der Zukunft entwickeln? Wird es genügend Freiwillige geben, die den Fahrdienst übernehmen wollen? Werden ausreichend neue Fahrgäste hinzukommen, wenn die Bisherigen aufgrund ihres hohen Alters ausscheiden? Welche Perspektive wird bestehen und welche anderen Strategien können entwickelt und umgesetzt werden, um ländliche Kommunen lebensfähig zu halten?

In diesem Bericht wird aufgezeigt, dass der ländliche Raum trotz günstiger Grundstückskosten schrumpfen wird, da er an Wettbewerbsfähigkeit und Attraktivität im Vergleich zu höheren städtischen Zentren, wo Infrastruktur und Dienstleistungen ausreichend zur Verfügung stehen, verliert. Um einer verstärkten Entvölkerung des ländlichen Raums entgegenzuwirken, ist es wichtig, nicht nur durchdachte und effektive Konzepte zu entwickeln, sondern auch umzusetzen.

---

[12] Als Babyboomer bezeichnet man Menschen, die zu den Zeiten steigender Geburtenraten nach dem Zweiten Weltkrieg oder anderen Kriegen (dem Babyboom) in den vom Krieg betroffenen Staaten geboren wurden.

3 Maßnahmen adressieren

Um ein ehrenamtlich getragenes Mobilitätskonzept realisieren und langfristig betreiben zu können, bedarf es der Beachtung einiger grundlegender Prinzipien und der Durchführung bestimmter Maßnahmen. Diese gilt es insbesondere im Falle einer Konzeption und einer Erstinbetriebnahme eines e-Fahrdienstes im Vorfeld zu prüfen und zu planen.

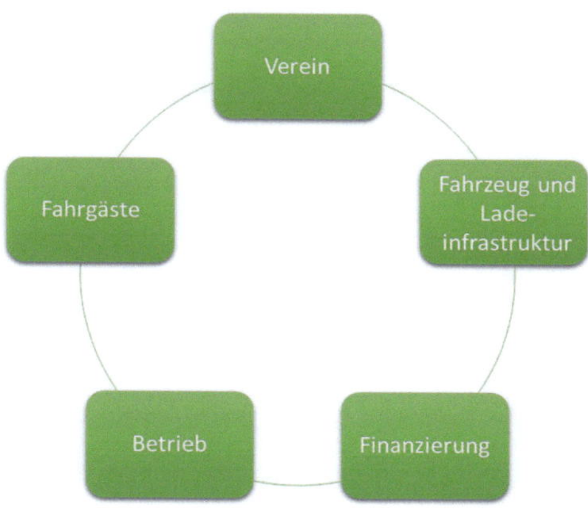

Abbildung 3-1: Gestaltungsbereiche des e-Fahrdienstes

Die einzelnen Maßnahmen sind fünf Gestaltungsbereichen zugeordnet. Die einzelnen Gestaltungsbereiche werden im Folgenden allgemein erläutert. Die Adaption der Maßnahmen einzelner Gestaltungsbereiche auf den e-Fahrdienst Boxberg und die Darstellung der Umsetzung erfolgt in Kapitel 4.

3.1 Der Verein

Getragen wird der Fahrdienst von einem eingetragenen Verein (e.V.), der vom ehrenamtlichen Engagement der Bürger vor Ort lebt, die einen Teil ihrer Zeit dafür aufbringen, als Fahrer des e-Fahrzeugs tätig zu sein.[13] Zum Verein gehören üblicherweise neben dem Vorstand auch die ehrenamtlichen Fahrer (vgl. Abbildung 3-2).

---

[13] Bei Bürgerautos besteht aber kein Zwang zur Vereinsbildung (im Sinne des Bürgerlichen Gesetzbuchs); Rechtsträger kann auch die Kommune oder eine bzw. mehrere örtliche Gruppierungen sein; vgl. (NVBW, 2015).

Abbildung 3-2: Die ehrenamtlichen Fahrer in Boxberg

Durch die Vorschriften des Bürgerlichen Gesetzbuchs (BGB)[14] werden Mindestanforderungen an die Gründung eines e.V. geregelt und es entsteht die Notwendigkeit, wesentliche Merkmale des Vereins (bspw. den Vereinszweck) verbindlich in einer Satzung zu bestimmen. Ein e.V. ist ein rechtsfähiger aber nicht wirtschaftlich agierender Verein (auch Idealverein genannt) sowie eine juristische Person und somit voll rechtsfähig, d.h. er kann klagen und verklagt werden. Dies gibt bei Rechtsgeschäften mit Dritten eine gewisse Verlässlichkeit, zumal Gläubigern das Vereinsvermögen als Haftungsmasse dient (sofern Schäden aus der Erledigung satzungsgemäßer Aufgaben entstanden sind).[15]

Im Bürgerverein sind mindestens ein Vorstand sowie eine Mitgliederversammlung zu bestimmen. Übliche Ämter des Vorstands sind Vorsitzende sowie stellvertretende Vorsitzende und Kassierer. Darüber hinaus können weitere Ämter wie Pressereferenten, Beisitzer, Geschäftsführer, Fahrerobmann, Fahrzeugwart u.v.m. individuell in der Satzung bestimmt werden.

Eine wesentliche Aufgabe des Vereins ist die Sicherstellung des Betriebs. Hierzu zählen Aufgaben wie die Planung des Verkehrs und Fahrzeugreparaturen. Darüber hinaus ist der Verein dafür verantwortlich, seinen Mitgliedern, darunter insbesondere

---

[14] Es gelten die Paragraphen §§21-79 BGB.

[15] Vgl. §§21-79 BGB; mit Bezug auf Bürgerbusvereine vgl. (Dobeschinsky, 2012).

den Fahrerinnen und Fahrern, ein „Wir-Gefühl" zu vermitteln, um das Miteinander zu stärken (Dienel, et al., 2014). Auf regelmäßig stattfindenden Fahrertreffen zur Schichteinteilung sollte die Bedeutung der Ehrenamtlichen durch den Vorstand hervorgehoben werden.

Dem Verein kommen weitere Aufgaben zu. Eine wesentliche Aufgabe wird im Folgenden aufgrund der Relevanz verdeutlicht: die Öffentlichkeitsarbeit.

Um einen Fahrdienst zuverlässig betreiben zu können, muss eine hinreichende Anzahl an Fahrerinnen und Fahrern vorhanden sein. Hierzu, aber auch für die Gewinnung von Fahrgästen sowie Sponsoren, stellen lokale Netzwerkaktivitäten eine einfach umzusetzende aber auch erfolgsversprechende Maßnahme dar (Dobeschinsky, 2012). Insbesondere durch die persönliche Ansprache einzelner Personen im Ort kann aktiv für den Verein geworben werden (Dienel, et al., 2014). Hierzu ist es auch hilfreich, den Verein in das Vereinsleben der Kommune einzubinden, um ein Teil dieses öffentlichen Netzwerkes zu werden. Eine weitere Möglichkeit bieten größere Versammlungen von Bürgern, wie es bei etwa bei Seniorennachmittagen der Fall ist.

Darüber hinaus ist die örtliche Presse oftmals an dem Konzept der Gemeinschaftsverkehre interessiert und veröffentlicht Artikel, die in Abstimmung zu bestimmten Anlässen (Jubiläen, Sonderfahrten, besondere Veranstaltungen o.ä.) forciert werden sollten, heraus (Dobeschinsky, 2012), (Dienel, et al., 2014).

3.2 Fahrgäste

Fahrgäste stammen aus der allgemeinen Öffentlichkeit und sind (potenziell) alle mobilitätseingeschränkten Personen sowie andere Interessierte. Dazu zählen oftmals Menschen ohne eigenen Führerschein wie bspw. Jugendliche, vermehrt aber ältere Menschen. Eine Beschränkung zur Nutzung des Fahrdienstes, bspw. durch Notwendigkeit einer Vereinsmitgliedschaft, gibt es bei Bürgerautos nicht (NVBW, 2015).

Abbildung 3-3: Ein Fahrer mit Fahrgast in einer üblichen Situation

Genaue Erhebungen zu Gemeinschaftsverkehren gibt es hinsichtlich der Fahrgast-zusammensetzung für (e-)Fahrdienste bislang nicht. Die Ergebnisse der hier be-schriebenen Untersuchungen liefern dazu anhand der durchgeführten Fahrgastbe-fragungen im Antworten für das Bürgerauto in Boxberg.

Aufgrund dieser Nutzergruppe ergeben sich bestimmte Anforderungen an das Mobili-tätskonzept, bspw. die Durchführung als Bedarfsverkehr, aber auch bezüglich der Hilfsbereitschaft der Fahrer im Umgang mit den Fahrgästen und dem Fahrzeug, auf die in Kapitel 4 eingegangen wird.

3.3 Fahrzeug und Ladeinfrastruktur

Grundsätzlich können Pkws mit höchstens acht Fahrgastsitzplätzen zum Einsatz kommen, die ein maximal zulässiges Gesamtgewicht von 3,5 Tonnen nicht über-schreiten und mit einem Führerschein der Klasse B gefahren werden können. Das Fahrzeug sollte in erster Linie den Anforderungen der Fahrer und Fahrgästen ent-sprechen. Dabei handelt es sich üblicherweise um Serienfahrzeuge im Ursprungszu-stand, Umbauten werden nicht vorgenommen (Schiefelbusch, 2015). Hinsichtlich des Antriebs stellt der Verbrennungsmotor noch den Status Quo dar. Im Sinne einer nachhaltigen Mobilität sind Fahrzeuge mit Elektroantrieb eine zu prüfende Alternati-ve. Ein Elektrofahrzeug kommt in Boxberg zum Einsatz (Renault Kangoo Z.E. - Zero Emission).

Abbildung 3-4: Das e-Fahrzeug in Boxberg

In Anlehnung an die (Nationale Plattform Elektromobilität, 2014) muss Elektromobili-tät als ein ganzheitliches System betrachtet werden, das sich aus vier Kategorien zusammensetzt: Ladeinfrastruktur, Fahrzeugtechnik, Stadtplanung und Intermodalität sowie Energie und Umwelt (vgl. Kapitel 4). Um die Ladeinfrastruktur festzulegen und zu implementieren, ist es wichtig, diese mit den anderen drei Kategorien des Sys-tems zu koordinieren.

1. Der erste Koordinationsschritt bezieht sich auf die Kompatibilität der Ladeinfra-struktur und die verwendete Fahrzeugtechnik. Es existieren bereits verschiedene Typen von Ladestationen, die dem aktuellen Stand der Technik entsprechen. Die unterschiedlichen Stationen werden charakterisiert anhand der Stromart (AC oder DC/ Gleich- oder Wechselstrom), der Anzahl der Phasen (1-3), dem Ladestrom (13 – 200A), und der Spannung (230 -400 AC und 500 – 850 DC) charakterisiert. Als Lademöglichkeiten dienen im einfachsten Fall entsprechend abgesicherte herkömmliche Haussteckdosen für niedrige Ladeleistungen, oftmals sind es fest installierte Stationen für höhere Ladeleistungen. Die jeweiligen Ladezeiten variie-ren hierbei aufgrund der Ladeleistung der Station und der Fahrzeugkapazität (vgl. Abbildung 3-5).

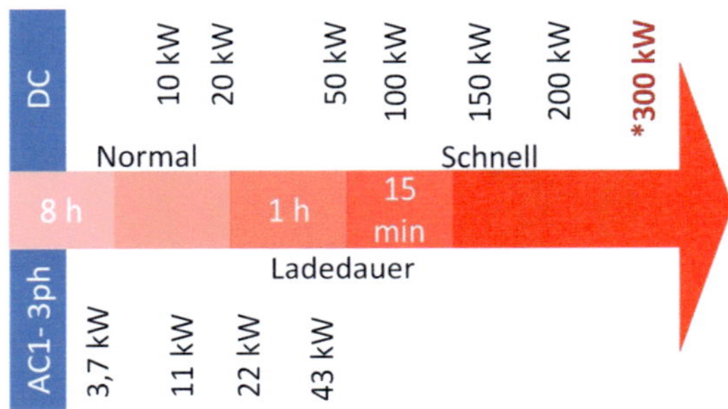

Abbildung 3-5: Ladenzeiten in abhängig der Ladeleistung[16]

2. Der zweite Koordinationsschritt beschreibt im Kontext der Stadtplanung die räumliche Lage der Ladestation in Bezug auf die Stadt- und Raumstruktur. Die Ladeinfrastruktur sollte sich in Bereichen befinden in denen es die Nachfrage erfordert. Bei flexiblen Mobilitätskonzepten wie einem e-Bürgerauto können auch Auflademöglichkeiten bei laufendem Betrieb in Betracht gezogen werden. Die Fahrer sollten bei geplanten und ungeplanten Ladezeiten in der Lage sein, die Station schnell und einfach zu erreichen. Letzteres ist einfacher, wenn sich die Station dort befindet, wo die meisten Fahrten enden und die Fahrer am häufigsten warten (z. B. auf Fahrgäste oder während Pausen). Dies ist auch eine betriebliche Frage, da Zeitpläne für das Aufladen vorher festgelegt werden sollten. Zusätzlich kann für flexible Ladesysteme „halb-geplantes" Aufladen stattfinden, wenn Ladestationen in der Nähe oder erreichbar sind.

3. In Anlehnung an Energie und Umwelt beschreibt der dritte Koordinationsschritt als Hauptziel den optimalen Einsatz und die Integration von erneuerbaren Energien in Ladesystemen. So wird deutlich, dass in der Zukunft die örtliche Lage einer Ladestation in Bezug auf die Stromquelle und die Gesamtbilanz an Bedeutung gewinnt, zum Beispiel durch die Platzierung der Station in der Nähe eines Gebäudes, das Strom aus einer Solaranlage erzeugt.

Da das Fahrzeug eines Fahrdienstes in der Praxis stets an der gleichen Stelle abgestellt wird, ist üblicherweise dort auch nur eine Lademöglichkeit für das Fahrzeug

---

[16] Eigene Abbildung in Anlehnung an (Nationale Plattform Elektromobilität, 2014).

vorzusehen. Je nach Hersteller und Fahrzeugtyp können hier unterschiedliche Lademöglichkeiten in Frage kommen. Wenn das Fahrzeug im nichtöffentlichen Bereich (z. B. einem Betriebshof der Kommune) geparkt wird, haben sich sogenannte Wandladestation oder Wallboxen[17] als pragmatische Lademöglichkeit etabliert, da diese verhältnismäßig schnell und kostengünstig durch entsprechendes Fachpersonal installiert werden können.

Abbildung 3-6: Fahrzeug an einem der Stellplätze in Boxberg mit Wallbox

Das in Boxberg gewählte e-Fahrzeug benötigt bspw. eine 3,7 kWh Ladestation mit einer genormten Typ2-Steckverbindung. Falls die örtlichen Gegebenheiten es zulassen, sollte der Fahrzeugstandort und somit der Ort der Ladestation so gewählt werden, dass dieser von vielen Fahrern vom Wohnort aus möglichst in kurzer Zeit erreichbar ist.

Unabhängig vom Antriebsstrang bedarf es aus Sicht der Fahrer eines komfortablen „Arbeits"-Platzes, der ein längeres und ermüdungsfreies Fahren erlaubt. Hierzu zählt insbesondere das schaltfreie Fahren des e-Fahrzeugs, ähnlich einer Automatikschaltung in einem Verbrennerfahrzeug. Bedienelemente und Displays sollten so angeordnet sein, dass diese auch während der Fahrt problemlos bedient oder eingesehen

---

[17] Ladesäule an den Wand in privaten Bereich, die meist den normalen 230-haushaltsrom liefern, aber anders als die normale Steckdose dauerhaft gleichmäßige 16 Ampere bereitstellen.

werden können. Eine umfangreiche Belüftung, Heizung und Klimatisierung sollte unter komfortgesichtspunkten in Erwägung gezogen werden. Der dafür notwendige zusätzliche Energiebedarf muss bei den Einsatzszenarien Berücksichtigung finden. Unter Umständen erleichtern zusätzliche Optionen wie ein Navigationsgerät oder die Kopplungsmöglichkeit eines Mobiltelefons mit dem verbauten Entertainment-System im Fahrzeug die Handhabung.

Die Fahrgäste legen im Zusammenhang mit dem Fahrzeug in erster Linie Wert auf einen unbeschwerten Ein- und Ausstieg sowie komfortable Sitzplätze. Letztere sind in den Pkws ab Werk verbaut, ein auch für mobilitätseingeschränkte Personen bequemer Ein- und Ausstieg ist aber maßgeblich von dem Fahrzeugfabrikat sowie der Größe abhängig. Hier können kaum pauschale Empfehlungen ausgesprochen werden; die zu Verfügung stehenden finanziellen Mittel bilden oftmals die entscheidende Restriktion. Je nach zu erwartendem Fahrgastaufkommen muss überlegt werden, ob ein Großraum-Pkw mit bis zu vier Fahrgastsitzplätzen, oder ob einen Minibusvariante bzw. ein Van mit bis zu acht Fahrgastsitzplätzen, zum Einsatz kommen soll. Da gedrungenes Sitzen auf einer Rückbank in einem Pkw als unbequem empfunden wird, kann die Anschaffung eines größeren Fahrzeugs die fahrgastfreundlichere Alternative darstellen, um auch bei einem mittleren Auslastungsgrad größtmöglichen Komfort zu bieten. Denn grundsätzlich sollten die Fahrzeuge so konzipiert sein, dass mehrere Fahrgäste bequem Platz im Fahrzeug haben, damit im Bedarfsverkehr Fahrtbündelungen vorgenommen werden können.

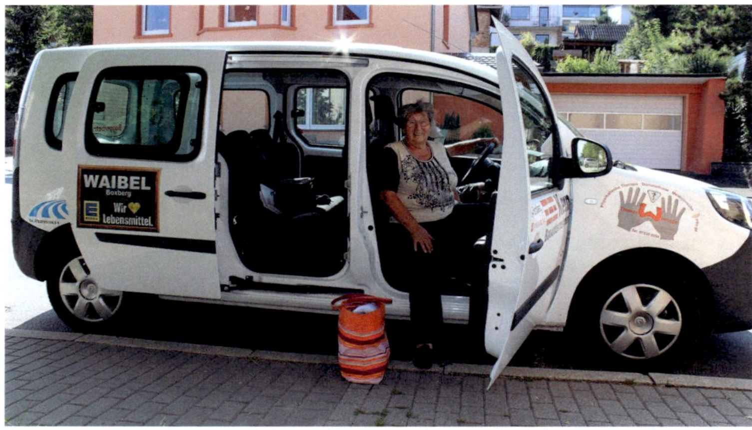

Abbildung 3-7: Bequemer Ein-/und Ausstieg für die Fahrgäste

Auch ist auf hinreichendes Raumangebot für den Transport der Güter und Mobilitätshilfen der Fahrgäste wie bspw. Rollatoren u.ä. zu achten. Ein Rollstuhl- oder Kinderwagentransport ist bei einem Fahrdienst grundsätzlich nicht realisierbar.

Neben Anforderungen an den Komfort von Fahrzeugen im ÖV sind Sicherheit und Sauberkeit klassische Anforderungen (Hoffmann, 1993). Bezüglich der Sicherheit ist es so, dass die Fahrer eine Fahrzeugeinweisung erhalten und tlw. auf freiwilliger Basis medizinische Untersuchungen absolvieren und über einen Erste-Hilfe-Schein verfügen. Hierzu gibt es für das Mobilitätskonzept Bürgerauto aber keinen gesetzlichen Zwang. Da die Fahrer für gewöhnlich Ehrenamtliche aus dem gleichen Ort sind, ist ohnehin eine Nähe und Vertrautheit mit den Fahrgästen oftmals gegeben oder schnell aufgebaut. Sauberkeit ist ein absolutes Muss und wird durch entsprechende betriebsinterne Regelungen sichergestellt.

3.4 Betrieb

Bei der Angebotsplanung gibt es für ehrenamtlich durchgeführte Verkehre diverse Rahmenbedingungen und gesetzliche Vorschriften, die für die formalisierteste Form, dem Bürgerbus, am umfangreichsten sind. Grundlage für die Verkehre ist das Personenbeförderungsgesetz (PBefG), da „prinzipiell alle entgeltlichen oder geschäftsmäßigen Verkehre mit Kraftfahrzeugen einer Genehmigung (bedürfen, Anm. d. Verf.). Bedarfsgesteuerte Angebotsformen, die den ÖPNV verdichten, ergänzen oder ersetzen, sind darum ebenfalls genehmigungspflichtig." (Mehlert, et al., 2014).

Darüber hinaus besteht die Möglichkeit gemäß Bestimmungen der Freistellungsverordnung (FrStllgV),[18] bestimmte Beförderungsfälle von den Vorschriften des Personenbeförderungsgesetzes auszunehmen (NVBW, 2015), (Schiefelbusch, 2014).[19]

Demnach ist für den Betrieb eines Fahrdienstes nur dann eine Genehmigung gemäß PBefG einzuholen, wenn diese als Teil des ÖPNV konzipiert werden und ein Tarif gem. § 39 PBefG als Bestandteil des örtlichen Verbundtarifs erhoben wird. Dann ist zusätzlich eine Sonderregel gem. § 42 PBefG in Verbindung mit § 2 VI PBefG zu

---

[18] Bspw. sogenannte soziale Bürgerfahrdienste oder Pkw-Bürgerfahrdienste

[19] § 1 III Nr. 3 der FrStllgV besagt, dass solche Verkehre befreit werden, die Beförderungen mit Pkw durchführen, die für den Transport von nicht mehr als sechs Personen vorgesehen sind und kein Entgelt für die Beförderungsleistung erheben.

treffen; der Fahrdienst stellt in diesem Fall eine Sonderform des Linienverkehrs dar (Schiefelbusch, 2014). Üblicherweise wird als Tarif ein Beförderungsentgelt zur Deckung der Betriebskosten, nicht aber zur Gewinnerzielungsabsicht erhoben. Darüber hinaus sind Spenden üblich und laut herrschender Meinung legitim (Schiefelbusch, 2014). In beiden Fällen kommen die Anforderungen an eine regelmäßige Personenbeförderung PBefG nicht zum Tragen – einer Genehmigung des Fahrdienstes nach PBefG bedarf es dann nicht (NVBW, 2015).

Bei der Angebotsplanung für einen Fahrdienst ist in räumlicher Hinsicht das Einsatzgebiet des Verkehrs festzulegen. Diesbezüglich hat der Trägerverein die Entscheidungsfreiheit. Oftmals ist die Gemeinde das Bediengebiet (NVBW, 2015). Ausnahmen sind denkbar, bspw. wenn ein zentraler Verkehrsknotenpunkt oder ein Ärztezentrum in einer Nachbargemeinde liegt.

Unter zeitlichen Gesichtspunkten der Angebotsplanung besteht ebenfalls Entscheidungsfreiheit. Allerdings gilt es zu beachten, dass vor dem Hintergrund der Anzahl der Fahrerinnen und Fahrer der Fahrdienst nicht zu einer Last wird. Letzteres kann insbesondere auftreten, wenn ein Fahrer über seine Vorstellungen hinaus häufiger den Fahrdienst antreten muss. Daher kann es bei kleineren Verkehren sinnvoll sein, einzelne Tage oder –zeiträume auszuschließen.

Um flexible Formen des Transports zu entwerfen, muss wie in Abschnitt 2.2 erwähnt zunächst eine angemessene Art des Betriebs unter Berücksichtigung des Vorhandenseins von spezifischen Zielgruppen und Angebotsformen, des Fahrgastpotentials und weiterer Bedürfnisse etabliert werden. Die bereits genannten Aspekte qualifizieren Boxberg für die Angebotsform des Bürger(ruf)autos (s. Tabelle 1 in Kapitel 2.2).[20] Solche Fahrdienste stellen einen flexiblen, bedarfsorientierten Tür-zu-Tür-Bürgerverkehr (vgl. Abbildung 3-8) auf ehrenamtlicher Basis dar, der den motorisierten individualen sowie auch den konventionellen Busverkehr und Fahrdienstleistungen ergänzt ohne mit diesen zu konkurrieren. Der Fahrdienst soll zwischen Wohngebieten und zentralen Einrichtungen bequeme (nicht notwendigerweise schnelle) Verbindungen schaffen.

---

[20] Wird auch als F-Bus (Anrufbus im Flächenbetrieb) beschrieben, vgl. (BMVBS, 2009).

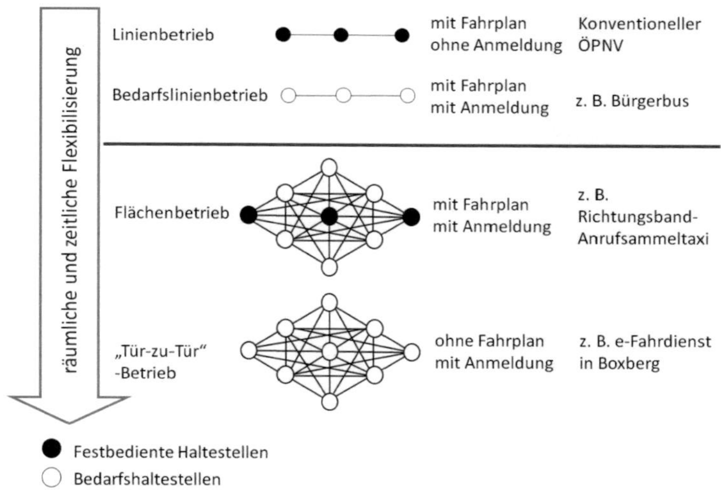

Abbildung 3-8: Bedarfsverkehr: räumliche und zeitliche Flexibilität durch Flächenbetrieb und ohne Fahrplanbindung[21]

Da es sich bei dem e-Fahrdienst um ein vollflexibles Mobilitätskonzept ähnlich einem Anrufbus handelt, bedarf es der Vorausanmeldung des Fahrtwunsches. Dies geschieht über eine zentrale Hotline, die bspw. im Rathaus der Kommune angegliedert sein kann. Fahrtwünsche sind oftmals zu bestimmten Zeiträumen ca. 24 Stunden im Voraus über die Hotline anzumelden. Der Dienst kann bspw. montags bis freitags von 8:00 bis 18:00 Uhr angeboten werden.

Der ehrenamtliche Fahrdienst sollte nicht mit einem Taxiunternehmen verwechselt werden, es bestehen grundlegende Unterschiede: So sind Taxis ein Angebot, das von einzelnen Passagieren ohne Kombination anderer Fahrtwünsche genutzt und dessen Preis abhängig von Fahrtstrecke und –dauer ermittelt wird. Der Fahrdienst hingegen muss mit einem größeren zeitlichen Vorlauf gebucht werden und Kosten entstehen lediglich in Abhängigkeit von der zurückgelegten Strecke.

3.5 Finanzierung

Bei der Finanzierung eines e-Fahrdienstes sind zwei Größen zu beachten: Investitionen und Betriebskosten.

---

[21] Eigene Abbildung in Anlehnung an (Mehlert, et al., 2014).

Erstere stellen die Herausforderung für jeden ehrenamtlich organisierten Verkehr dar, da es den größten Ausgabenposten darstellt. Auch ohne nennenswerte Sonderausstattungen kann ein Großraum-Pkw 30.000 Euro kosten (Jansen, et al., 2013). Für ein elektrisch betriebenes Fahrzeug kann der Preis bei dem 1,5-fachen liegen, hinzukommen Ausgaben für die Beschaffung der Ladeinfrastruktur. Der Trägerverein ist in der Regel nicht in der Lage, diesen Betrag zu stemmen. Gesucht werden daher verschiedene Förder- und Kooperationsmöglichkeiten, um eine Mischfinanzierung zu realisieren. Der Fahrzeugeigentümer hat die für den Kauf des e-Fahrzeugs getätigten Ausgaben über die Nutzungsdauer des Fahrzeugs abzuschreiben.[22] So ist gewährleistet, dass der durch Abnutzung verursachte Werteverzehr des e-Fahrzeugs als Aufwendungen buchhalterisch korrekt dargestellt wird. Ein eingetragener Verein unterliegt er der Rechnungslegungspflicht und ist zu der Erstellung einer Einnahmen-Ausgaben-Rechnung verpflichtet.[23] Im Falle, dass dieser Verein das e-Fahrzeug gekauft hat und Fahrzeugeigentümer ist, ist im Zuge der Einnahmen-Ausgaben-Rechnung für die steuerliche Festsetzung der Vereinstätigkeit der jährliche Werteverzehr auszuweisen. Darüber hinaus sind etwaige Kreditrückzahlungen für die Investition als Ausgaben anzugeben. Da davon auszugehen ist, dass der e-Fahrdienst im laufenden Betrieb keine Gewinne erwirtschaftet, sind in der Regel keine Ertrags- oder Verkehrssteuern zu entrichten.[24]

Insbesondere Fördermöglichkeiten sind im Bundesgebiet nicht einheitlich geregelt. Für Bürgerbusse gibt es in einzelnen Bundesländern verbindliche Vorgaben, diese sind aber sehr heterogen ausgestaltet (Jansen, et al., 2013). Dabei geht es um die Unterstützung der ehrenamtlichen Mobilität als solches und um verbrennungsmotorisch ausgestattete Fahrzeuge. Die Sinnhaftigkeit der Förderung der Elektromobilität in diesem Verkehrsbereich wird noch untersucht.[25] Für Fahrdienste gilt es daher durch gezielte Öffentlichkeitsarbeit und persönliche Ansprachen auf potentielle Unterstützer zuzugehen. Denkbar sind bspw. auch synergetische Nutzungskonzepte,

---

[22] Man spricht von der betriebsgewöhnlichen Nutzungsdauer. Diese liegt bei PKW bei sechs Jahren. Bei Vorlage entsprechender Nachweise kann von dieser Nutzungsdauer abgewichen werden.

[23] § 27 Absatz 3 BGBG in Verbindung mit § 666 BGB

[24] Zu den Ertragssteuern zählen bspw. die Körperschafts- sowie die Gewerbesteuer, zu den Verkehrssteuern zählt exemplarisch die Umsatzsteuer.

[25] Z. B. für elektrisch betriebene Bürgerbusse in einem Projekt des Schaufensters Elektromobilität Baden-Württemberg.

die eine Investition durch Verteilung auf verschiedene Schultern realisierbarer machen kann.[26] Neben solchen Kooperationen kommt der Kommune eine Bedeutung zu, da diese im Rahmen der Daseinsvorsorge Mittel oder zinslose Darlehen bewilligen kann. Ferner kommen Einzelspenden oder Stiftungen in Betracht, die die Sinnhaftigkeit solcher Verkehre für das Allgemeinwohl erkennen. Zu erwähnen sind aber auch die Gewerbetreibenden im Ort, ggf. durch einen Gewerbeverein vertreten, die durch das Zubringen der Kundschaft vom Bürgerauto profitieren. So gibt es bspw. auch Einkaufsbusse (z. B. Risches Rollender Supermarkt), die jedoch nicht den Charakter der Ehrenamtlichkeit aufweisen (Schäfer-Sparenberg, et al., 2011).

Für die Deckung der Betriebskosten kommt ebenfalls den Gewerbetreibenden eine entscheidende Rolle zu. Häufig fungieren diese als Sponsoren und werben auf dem Fahrzeug für Ihr Unternehmen. Je nach Verhandlungsgeschick und Bereitschaft der Unternehmen kommen so Beträge zusammen, die gemeinsam mit den Fahrgeldeinnahmen einen verlässlichen Kapitalstock bilden, der dem Verein regelmäßige Einnahmen sichert und so eine verlässliche Planbarkeit ermöglicht (Schäfer-Sparenberg, et al., 2011).

Abbildung 3-9: Flächen auf dem Fahrzeug als Werbefläche

Personalkosten hingegen spielen aufgrund der ehrenamtlichen Tätigkeit der Vorstände und Fahrer keine oder eine untergeordnete Rolle (Jansen, et al., 2013).

---

[26] Bspw. durch Nutzung des e-Fahrzeugs außerhalb der Bedienzeiten des e-Fahrdienstes als Carsharing-Fahrzeug, insbes. am Wochenende.

Die folgende Tabelle zeigt idealtypische Einnahmen und Ausgaben von einem Fahrdienst.

Einnahmen	Ausgaben
Investitionsförderung Regionalentwicklung	Erstbeschaffung bzw. Ersatzbeschaffung Fahrzeug
Investitionsförderung Landesmittel	Kreditrückzahlungen (Tilgung, Zinsen)
Stiftungsförderung	Sachmittel (Telefon im Fahrzeug, Büroausstattung u.ä.)
Erstattung Ökosteueranteil Mineralölsteuer (bei konventionell betriebenen Fahrzeugen)	Rücklage Ersatzbeschaffung Fahrzeug
	Kraftstoff
Mitgliedsbeiträge Bürgerverein	Versicherungen
Förderung Landesmittel	Telefon
Spenden	Hauptuntersuchungen
Werbeflächenvermietung	Fahrzeugwartung
Fahrgeldeinnahmen	Fahrzeugpflege
Erstattung Kfz-Steuer	Büroausstattung
Sponsoring	Öffentlichkeitsarbeit

Tabelle 3-1: Idealtypische Mittelherkunft und -verwendung von Bürgerautos[27]

Ergänzend sei erwähnt, dass ehrenamtlich durchgeführte Verkehre und somit auch ein e-Fahrdienst in Deutschland bislang grundsätzlich nicht als gemeinnützig anerkannt sind (Schiefelbusch, 2014).

---

[27] In Anlehnung an (Jansen, et al., 2013), (NVBW, 2015).

4 Ausgestaltung im Realbetrieb

Im Folgenden werden nach der Darstellung der Kontextfaktoren der Stadt Boxberg unter geographischen, wirtschaftlichen und verkehrlichen Gesichtspunkten Ergebnisse des Forschungsprojekts im Einklang mit den zuvor vorgestellten Gestaltungsbereichen vorgestellt. Dabei wird der Verein durch die Ergebnisdarstellung einer Fahrerbefragung dargestellt, der Bereich Fahrgäste durch Befragungsergebnisse der Fahrgäste, der Gestaltungsbereich Fahrzeug durch Ergebnisse der technischen Untersuchung des e-Fahrzeugs, der Bereich Finanzierung durch das Aufzeigen von Best Practices und der Bereich Betrieb im Folgenden durch Darstellung der Rahmenbedingungen im Projekt als entscheidende Parameter für die betriebliche Ausgestaltung des e-Fahrdienstes in Boxberg.

4.1 Rahmenbedingungen in der Modellkommune Boxberg

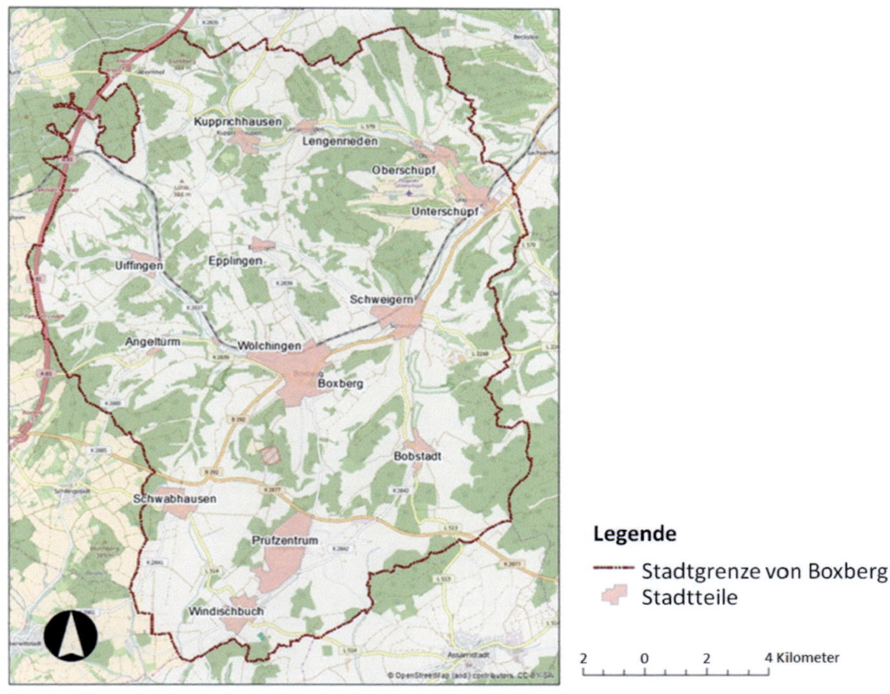

Abbildung 4-1: Boxberg und seine 13 Stadtteile[28]

---

[28] Eigene Abbildung.

Boxberg ist eine Stadt im baden-württembergischen Main-Tauber-Kreis mit einer Fläche von 10.175 ha (101,75 km^2) (Stadt Boxberg, 2015). Sie liegt circa 60 km südwestlich von Würzburg, circa 60 km nordöstlich von Heilbronn sowie circa 100 km nordöstlich von Stuttgart. Boxberg gehört zum Regierungsbezirk Stuttgart. Die Stadt setzt sich aus 13 Stadtteilen (Angeltürn, Bobstadt, Boxberg, Epplingen, Kupprichhausen, Lengenrieden, Oberschüpf, Schwabhausen, Schweigern, Uiffingen, Unterschüpf, Windischbuch, Wölchingen) zusammen.

Die Stadt hat circa 6.500 Einwohner (Statistik BW, 2015) und hat durch das große Stadtgebiet eine sehr geringe Bevölkerungsdichte mit deutlich weniger als einer Person je Hektar.

Die meisten Boxberger Stadtteile sind klein und setzen sich im Schnitt aus 509 Einwohnern sowie einer Fläche von 803 ha zusammen, woraus eine durchschnittliche Bevölkerungsdichte von 0,64 Einwohnern/ha resultiert (Stadt Boxberg, 2015).

Stadtteil		Einwohner*	Fläche* [ha]	Bevölkerungsdichte* [Einw./ha]
Angeltürn		136	307,4	0,44
Bobstadt		412	1151,91	0,36
Boxberg		1369	774,13	1,77
Epplingen		128	365,02	0,35
Kupprichhausen		278	811,86	0,34
Lengenriden		107	466,32	0,23
Oberschüpf		350	776,14	0,45
Schwabhausen		558	814,47	0,69
Schweigern		982	1161,73	0,85
Uiffingen		385	1458,17	0,26
Unterschüpf		835	646,13	1,29
Windischbuch		354	814,17	0,43
Wölchingen		729	887,02	0,82
Durchschnitt		**509,46**	**802,65**	**0,64**

Tabelle 4-1: Einwohnerzahlen der Boxberger Stadtteile[2930]

---

[29] Eigene Darstellung in Anlehnung an (Stadt Boxberg, 2015).

Der Abstand zwischen den einzelnen Ortsteilen variiert von 1 km bis 18 km.

Boxberg, Schweigern und Wölchingen halten wichtige Einrichtungen des täglichen Bedarfs für die anderen umliegenden Stadtteile bereit. So fungiert insbesondere Boxberg, inklusive Wölchingen, als Unterzentrum und verfügt über grundlegende Versorgungseinrichtungen wie Supermärkte, Gesundheitseinrichtungen (z. B. Arztpraxen, eine Apotheke), kulturelle und soziale Infrastruktur (z. B. Medien- und Kulturzentrum, Bürgerhalle), Schulen, ein Schwimmbad und eine Feuerwehr. Verbindungen zu anderen Kommunen oder Oberzentren in und außerhalb der Region (z. B. Stuttgart, Heilbronn oder Würzburg) sind durch die Regionalbahnanbindung über den Bahnhof Boxberg-Wölchingen möglich.

Abbildung 4-2: Supermarkt in Boxberg

Wie in Kapitel 2 beschrieben gibt es verschiedene Abstufungen für die Klassifikation von Gebieten in Deutschland. Mit Bezug auf die Besiedlung als auch die Lage gehört Boxberg zum ländlichen Raum (vgl. Abbildung 4-3). Darüber hinaus befindet sich der Main-Tauber Kreis in der Raumkategorie der dünn besiedelten ländlichen Kreise aufgrund der geringen Bevölkerungsdichte im Landkreis sowie des Bevölkerungsanteils der Einwohner in Groß- und Mittelstädten (BBSR, 2012)[31] in der Raumkategorie der dünn besiedelten ländlichen Kreise. Laut BBSR wird Boxberg als kleine Kleinstadt eingestuft, die nach der Definition von BBSR der zentralörtlichen Grundstufen eine niedrigere Ordnungsreihenfolge haben (d.h. Kleinzentrum). Auch wenn die Stadt

---

[30] Stand 31.12.2014, Quelle: Stadt Boxberg.

[31] Dünn besiedelte ländliche Kreise: Kreise mit einem Bevölkerungsanteil in Groß- und Mittelstädten unter 50 % und Einwohnerdichte ohne Groß- und Mittelstädte unter 100 EW/km²; vgl. (BBSR, 2012).

Boxberg ein Kleinzentrum für andere Städte ist, verfügen nur wenige Ortsteile über den Großteil der vorhandenen sozialen Infrastruktur und Dienstleistungen, die Bewohner von anderen Stadtteilen anziehen: überwiegend Boxberg, Wölchingen und Schwiegern. Diese Ortsteile fungieren innerhalb des Stadtgebiets von Boxberg als ein örtliches Zentrum, das eine hohe Mobilitätsnachfrage auf sich zieht. Dieser Umstand muss bei der Entwicklung dieses und anderer Mobilitätskonzepte berücksichtigt werden. Die folgende Tabelle zeigt eine Zusammenfassung der Kategorisierung von Boxberg laut der Kriterien des BBSR.

| Raumabgrenzung | Name | Raumtypen | | | Grundstufe zentraler Orte* |
		städtisch-ländlicher Raum[+]	siedlungsstrukturelle Kreistypen[+]	Stadt-/ Gemeindetyp[+]	
Kreis	Main-Tauber	Ländlicher Raum	Dünn besiedelte ländliche Kreise	-	-
Gemeinden	Boxberg, Stadt	-	-	Kleine Kleinstadt	Grundzentrum/ Kleinzentrum

Tabelle 4-2: Einordnung von Boxberg hinsichtlich Raum- und Siedlungsstruktur[32]

Boxbergs ländliche Struktur wird anhand der Flächennutzung deutlich. So werden von den insgesamt 10.175 ha 192 ha als Gebäude- und Hoffläche sowie 431 ha als Verkehrsfläche genutzt. Die restliche Fläche verteilt sich auf Landwirtschaft (6.544 ha), Wald (2.835 ha), Wasser (20 ha), Erholung (9 ha) sowie auf 144 ha sonstiger Nutzung (Stadt Boxberg, 2015).

Die Topografie ist wechselhaft und gliedert sich in enge Täler (z. B. Kernstadt) sowie hügelige Gebiete (z. B. Kupprichhausen). Dabei beträgt die Höhenlage im Mittel 240 m ü.d.M. und hat ihr Minimum bei 150 m ü.d.M. sowie ihr Maximum bei 400 m ü.d.M. (Stadt Boxberg, 2015). Vor dem Hintergrund des Einsatzes eines Elektrofahrzeugs im hier beschriebenen Projekt wird im weiteren Verlauf dargelegt, dass u.a. die Topografie einen bedeutenden Einfluss auf die Reichweite des e-Bürgerautos hat.

---

[32] * BBSR Raumordnungsbericht 2011, [+] BBSR Online Daten (Stand 2013).

Abbildung 4-3: Boxbergs ländliche Struktur und hügelige Topografie

Das in Boxberg vorherrschende Klima fällt in die zweite Klimazone (Stadt Boxberg, 2015) und beschert der Stadt im Schnitt 679 mm Niederschlag pro Jahr sowie eine durchschnittliche Temperatur von 9,5 °C. Der niederschlagsreichste Monat im Jahr ist der Juni mit durchschnittlich 81 mm, im März als niederschlagsärmsten Monat sind 44 mm (climate-data, 2015). Generell herrschen trockene Winter mit bis zu maximal -10 °C vor, wohingegen im Sommer maximal 40 °C erreicht werden (WetterOnline, 2015). Die Temperatur hat einen wesentlichen Einfluss auf die Leistungsfähigkeit der Batterie und den Energiebedarf für Kühlung, Heizung sowie Klimatisierung, sodass dieser Aspekt im folgenden Unterkapitel aufgegriffen wird.

Unter gewerblichen Gesichtspunkten verfügt Boxberg über viele klein- und mittelständische Unternehmen und darüber hinaus im Gewerbegebiet „Am Seehof" über namhafte Arbeitgeber wie die Robert Bosch GmbH (an der dort gelegenen Teststrecke und dem Prüfzentrum Boxberg), die bundesweit agierende Hofmann Menü-Manufaktur GmbH mit Ihrer Zentrale oder innovative Unternehmen im Kontext der Elektromobilität wie die Firma Driving Concept GmbH. Darüber hinaus befindet sich das Bildungs- und Wissenszentrum für Schweinehaltung und –zucht in Boxberg, das im Bereich anwendungsorientierter Versuchs- und Forschungstätigkeit als Kompetenzzentrum für Schweineproduktion in Baden-Württemberg fungiert.

Das Straßennetz orientiert sich an der Bundesstraße 292, die über die Bundesstraße 290 von Tauberbischofsheim bzw. Bad Mergentheim bis zur Autobahn 81 und die

Anschlussstelle Boxberg verläuft. Die Landstraße 579, die in Nord-Süd-Richtung durch ein enges Tal verläuft erschließt drei kleinere Stadtteile. Die wenigen restlichen Stadtteile können nur über kleinere Straßen erreicht werden, deren Verlauf bzw. Ausgestaltung eine Nutzung für den Durchgangsverkehr ausschließt.

Abbildung 4-4: Bundesstraße 292

In Boxberg existiert ein konventionelles Busangebot, das die Stadtteile mit der Kernstadt sowie mit der Region verbindet. Das ÖPNV-Angebot umfasst fünf Busrouten mit eingeschränkten Betriebszeiten. Insbesondere Morgen- und Mittagsstunden werden bedient. Es setzt sich hauptsächlich aus Buslinien mit geringer täglicher Fahrtenzahl zusammen, die insbesondere Morgen- und Mittagstunden bedienen und überdies nachts und am Wochenende kaum oder überhaupt nicht fahren (Krams, et al., 2015).

In Boxberg gibt es einen Bahnhof und 29 Bushaltestellen, von denen zehn in den beiden größten Ortsteilen liegen. Allerdings wohnen lediglich 53 % der Bewohner in akzeptabler Nähe zu einer Bushaltestelle (400 m) und 50 % im Einzugsgebiet des Bahnhofs (Krams, et al., 2015). Darüber hinaus sind die Bushaltestellen häufig nicht in der Nähe wichtiger Einrichtungen (z. B. Supermärkte).

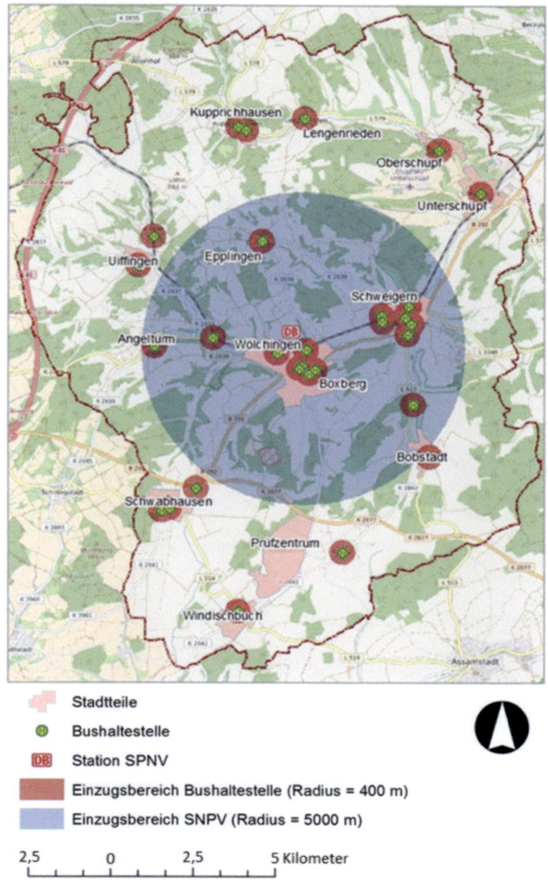

Abbildung 4-5: Einzugsbereiche des SPNV und des Busverkehrs in Boxberg[33]

Das Busangebot in Boxberg besteht aus herkömmlichen Buslinien und flexiblen Bedienungsformen (d.h. Ruftaxi und RufBus) Der konventionelle ÖPNV wird mit Großbussen und Kleinbussen realisiert. Der öffentliche Schulverkehr wird von allen Buslinien befördert. Durch die o.g. flexiblen Bedienungsformen in Boxberg, bestehen auch Verbindungen abends und an den Wochenenden und gelegentlich auch morgens und nachmittags. Zusätzlich wird Boxberg durch die Buslinien 851, 934, 937 und 844 mit den anderen Teilen des Landkreises und der Region (Lauda, Osterburken und Bad Mergentheim) verbunden, wie aus Tabelle 4-3 ersichtlich ist.

---

[33] Eigene Abbildung.

Buslinie	Stadtteile	Route	Regional* Verbindung	Richtung	Morgens (5:00 - 11:30)	Mittags (11:30 -13:30)	Nachmittags (13:30 - 19:00)	Abends (ab 19:00)	Samstag	Sonn- und Fiertag
851	Uiffingen, Wölchingen, Boxberg, Schweigern, Unterschüpf	Osterburken - Lauda - Wittighausen	Ja	→ (hin)	1 Bus; S 4 Busse; F 1 Bus; ⌂ 1 Bus	S 1 Bus; 2 Busse	3 Busse; S 2 Busse; F 1 Bus	1 Bus; ⌂	1 Bus; ⌂ 8 Busse	⌂ 7 Busse; 1 Bus
				← (zurück)	1 Busse; S 3 Busse; F 1 Bus; 1 Bus	S 4 Busse; 1 Bus	3 Busse; S 1 Bus	1 Bus	⌂ 9 Busse; 1 Bus	⌂ 7 Busse; 1 Bus
934	Boxberg, Epplingen, Windischbuch, Angeltürm, Schweigern, Bobstadt, Unterschüpf	Boxberg - Schwabhausen - Angeltürn - Epplingen - Schweigern - Unterschüpf - Dainbach - Bad Mergentheim	Ja	→ (hin)	1 Bus; F 1 Bus; S 11 Busse; ⌂ 2 Busse; S02 1 Bus; S20 1 Bus	S 3 Busse; F 1 Bus	S 4 Busse; ⌂ 2 Bus; S02 1 Bus; S20 1 Bus	1 Bus; ⌂	⌂ 6 Bussen; 1 Bus	⌂ 5 Busse
				← (zurück)	S 5 Busse; F 1 Bus; ⌂ 1 Bus	S 4 Busse; F 1 Bus	S 5 Busse; F 1 Bus; ⌂ 1 Bus	1 Bus; ⌂	⌂ 7 Bussen; 1 Bus	⌂ 7 Busse
937	Boxberg, Wölchingen, Uiffingen, Kupprichhausen, Lengenrieden Oberschüof, Unterschüpf	Boxberg - Kupprichhausen - Unterschüpf - Boxberg **und zurück**	Nein	⇄ (hin und zurück)	S 5 Busse	S 3 Busse	S 3 Busse	-	-	-
844	Schwabhausen, Windischbuch	Buchen - Rosenberg - Osterburken - Krautheim - Unterginsbach	Ja	→ (hin)	-	S35 1 Bus	S 1 Bus	-	-	-
				← (zurück)	S 1 Bus	-	-	-	-	-

Quelle: VGMT

Ruftaxi/Rufbus ⌂   Kleinbus (Bus)   Schultagen S   nur mittwochs und freitags an Schultagen S35   nur an schulfreien Tagen F

Normalbus (Bus)   nur dienstags an Schultagen S02   nicht dienstags an Schultagen S20

Stand 01.04.2016   * Verbindung mit Oberezentrum Städten in der Region

Tabelle 4-3: Übersicht des Busangebots Boxberg [34]

Das Mobilitätsangebot für längere Wegestrecken (z. B. Berufspendlerverkehr) zu Zielen innerhalb der Region oder zu Großstädten (z. B. Stuttgart) ist ebenfalls gering und setzt sich aus sieben Zügen pro Tag zusammen. In Tabelle 4-4 ist erkennbar, dass Züge nur wochentags in den Morgen- und Nachmittagsstunden, mit jeweils drei Zügen Richtung Osterburken und drei in Richtung Lauda fahren. Dadurch ist neben der regionalen Mobilität mit dem ÖPNV auch die Anschlussfähigkeit von Pendlern limitiert.

---

[34] Eigene Abbildung.

Zugnummer	Route	Richtung	Regional Verbindung*	Morgens	Mittags	Nachmittags	Abends	Wochenende
RB 19155	Lauda - Osterburken	Osterburken	Ja	05:41	-	-	-	-
RB 19161	Lauda - HN-Sülmertor	Osterburken	Ja	06:40	-	-	-	-
RB 19197	Lauda - Stuttgart	Osterburken	Ja	07:27	-	-	-	-
RE 4920	Stuttgart - Würzburg	Lauda	Ja	06:33	-	-	-	-
RB 19164	Osterburken - Lauda	Lauda	Ja	-	-	17:14	-	-
RB 19180	Möckmühl - Lauda	Lauda	Ja	-	-	-	19:57	-
RB 39930	Stuttgart - Lauda	Lauda	Ja	-	-	-	21:45	-

Tabelle 4-4: Übersicht des schienengebundenen Regionalverkehrs in Boxberg[3536]

Wie bereits erwähnt, senden niedrige Bevölkerungsdichte und zerstreute Siedlungsstruktur in ländlichen Gegenden das Signal an Verkehrsunternehmen, dass die Mobilitätsnachfrage niedrig ist. Ungeachtet dessen, dass Verkehrsunternehmen nicht eigenwirtschaftlich arbeiten und von der Bestellung und Bezahlung der Landkreise abhängig sind, kann eine geringe Mobilitätsnachfrage zu einer Reduktion des konventionellen Betriebs führen. Darüber hinaus, wie im Falle Boxberg geschehen, wird das Mobilitätsangebot flexibler gestaltet. Dieses niedrige Angebot korrespondiert mit einem hohen Anteil des innerörtlichen MIV in ländlichen Gegenden, der ungefähr 62 % des Transportanteils im Vergleich zu nur 48 % in städtischen Gegenden hat (Hütter, 2013).

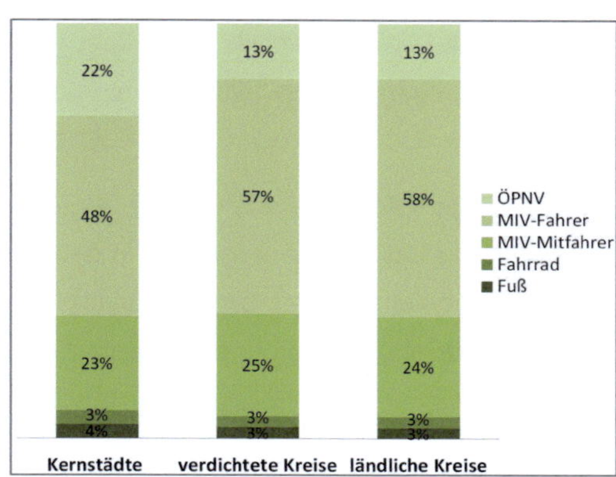

Abbildung 4-6: Verkehrsleistung nach Hauptverkehrsmitteln und Kreistypen in Deutschland[37]

---

[35] Eigene Abbildung.

[36] * Verbindung mit Oberzentrum Städten in der Region, Stand den Daten: 01.04.2016.

[37] Eigene Abbildung in Anlehnung an (Follmer, et al., 2010).

Gemäß (BMVBS, 2009) qualifizieren die bereits erwähnten Charakteristika, Aspekte und Mobilitätsanforderungen Boxberg für ein flexibles ÖPNV System in der Form eines Bürger(ruf)autos, welches als F-Bus, Anrufbus im Flächenbetrieb in (BMVBS, 2009) beschrieben wird.

Ein Aspekt in diesem Kontext ist die Nutzung des MIV in ländlich geprägten Räumen.

Zunächst ist es wichtig Mobilität im Hinblick auf die modalen Auswahlmöglichkeiten zu bestimmen. In Deutschland ist laut einem Report aus dem Jahre 2008 (Follmer, et al., 2010) der MIV(als Fahrer oder Mitfahrer) die häufigste Transportform in allen Kreistypen (Follmer, et al., 2010). Wie in Abbildung 4-6 für die ländlichen Kreise zu sehen, umfasst der MIV 82 % im Vergleich zu 71 % in Kernstädten.

Des Weiteren gibt es in Deutschland circa 0,6 Autos pro Person (Follmer, et al., 2010) im Vergleich zu 0,69 Autos pro Kopf in Boxberg (eigene Berechnung nach (Statistik BW, 2015)).[38] Dieser Vergleich unterstreicht die Vermutung, dass in Boxberg, wie in den meisten ländlichen Gegenden, das eigene Auto die bevorzugte Art der Beförderung darstellt. Außerdem haben Haushaltsbefragungen, die in 2012 und 2015 in Boxberg durchgeführt worden sind und im weiteren Verlauf dieses Unterkapitels noch vorgestellt werden, ebenfalls ergeben, dass das eigene Auto das bevorzugte Transportmittel darstellt. Die festgestellte hohe Anzahl an Autos zusammen mit dem hohen Anteil an Autonutzung ist ebenfalls konsistent mit dem Anteil der Erwachsenen, die in ländlichen Gegenden den Führerschein besitzen. Dieser liegt bei 94 % (Follmer, et al., 2010).

Wichtig im Kontext des e-Bürgerautos ist, heute und in der Zukunft, dass die Menschen in ländlichen Gegenden mobiler sind als sie es in der Vergangenheit waren. Durch die Verbesserungen der Mobilität der älteren Bevölkerung ist diese Gruppe aktiver, wodurch das e-Bürgerauto zukünftig auf eine solide Anzahl an potentiellen Fahrgästen zurückgreifen kann.

---

[38] Bestand an Personenkraftwagen in der Stadt Boxberg in 2015 laut Daten des statistischen Landesamtes Baden-Württemberg. 2015 gab es in Boxberg 4.480 Pkws für eine gemeldete Bevölkerung von 6.500, d.h. 0,69 Autos pro Einwohner.

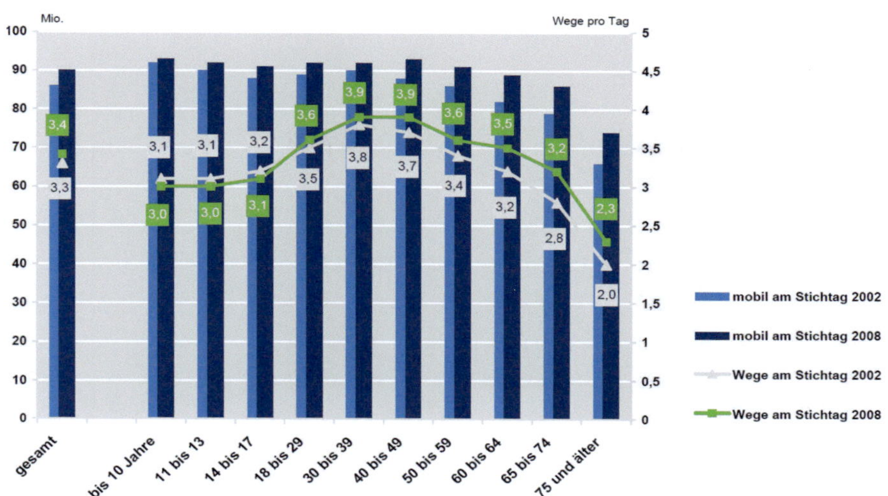

Abbildung 4-7: Mobilitätsdarstellung zurückgelegter Wege in Deutschland[39][40]

Viele der durchgeführten Fahrten sind im Allgemeinen ähnlich, z. B. Einkaufen, was in ländlichen Gebieten in Deutschland 19 %[41] der Wegezwecke der gesamten Fahrten ausmacht (Follmer, et al., 2010) (vgl. Abbildung 4-8). In Boxberg sind die Wege mit 29 % der Fahrten zum Einkaufen ein wichtiger Teil der täglichen Mobilität. Dennoch, wie in Abbildung 4-7 dargestellt, unternahm die gegenwärtige Hauptzielgruppe (d.h. Senioren) 2008 mehr Fahrten als 2002. Zudem nutzt diese Gruppe verstärkt den MIV. Letztere Tendenz kann die Anzahl der potenziellen Fahrgäste in der Zukunft reduzieren, weshalb der Verein Strategien für die Zukunft erwägen sollte, damit das System attraktiv bleibt.

---

[39] (Follmer, et al., 2010).

[40] Darstellung aller Wege einschließlich Wirtschaftsverkehr, Skala in Prozent oder mittlerer Wegzahl pro Tag.

[41] Während auch andere Wegezwecke genannt werden, spielt der Einkauf eine wichtige Rolle für den e-Fahrdienst Boxberg.

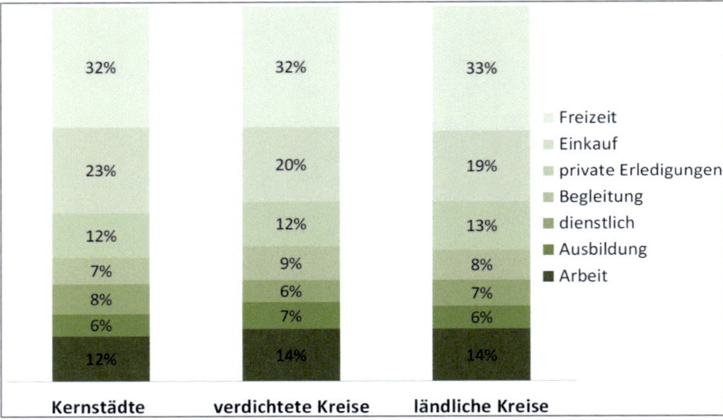

Abbildung 4-8: Verteilung der Hauptwegezwecke[42]

Aus demografischer Sicht hat die Mobilität in Boxberg eine positive Prognose, da ältere und jüngere Menschen, die den Großteil der Bevölkerung ausmachen, beweglicher als in der Vergangenheit sind. Dennoch ist es wichtig zu betrachten, wie sich die Bevölkerungsstruktur in der Zukunft ändern wird, um einen Anhaltspunkt zu bekommen, ob die Nachfrage für einen Fahrdienst erhalten bleibt. Boxberg verzeichnete in den 80er- und 90er-Jahren ein positives Bevölkerungswachstum, das sich mit Beginn des 21. Jahrhunderts ins Negative wandelte. So nimmt die Bevölkerung seit 2000 jährlich im Schnitt um 0,81 % ab. Dabei blieb das Geschlechterverhältnis seit 2005 stets ausgeglichen. In Boxberg sind schon seit 30 Jahren knapp zwei Drittel der Bewohner zwischen 18 Jahren und 65 Jahren alt. Das verbleibende Drittel wird von den unter 18-Jährigen und über 65-Jährigen gebildet, die in puncto Mobilität am meisten eingeschränkt sind (Statistik BW, 2015).

---

[42] Eigene Abbildung in Anlehnung an (Follmer, et al., 2010).

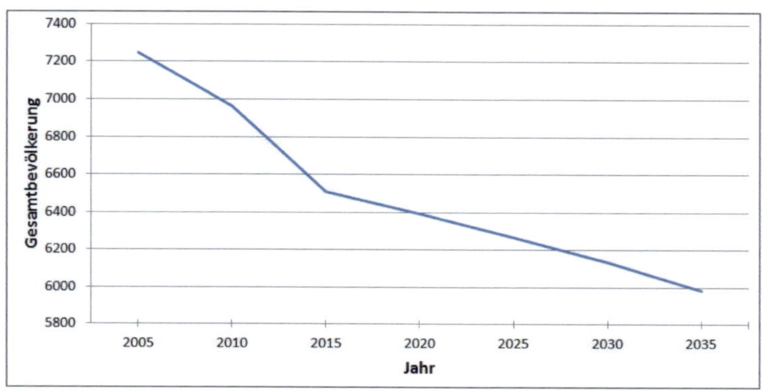

Abbildung 4-9: Bevölkerungsprognose der Stadt Boxberg[43]

Die Bevölkerung der gesamten Stadt umfasst ca. 6.500 Einwohner (Statistik BW, 2015). Eine detailliertere Analyse, gemäß der in Kapitel 2 vorgestellten demografischen Veränderungen bestätigt, dass Boxberg einen Bevölkerungsrückgang erleben wird (vgl. Abbildung 4-9). Allerdings variiert dieser Rückgang bis 2025 je nach Informationsquelle zwischen -5 % und 0 % (vgl. Abbildung 4-10) oder -9,08 % bzw. -9,58 % bis 2030 laut eigener Berechnungen, anhand der Daten des Statistischen Bundesamts (Statistik BW, 2015). Die Bertelsmann Stiftung (Bertelsmann Stiftung, 2016) berichtet von einem Bevölkerungsrückgang von -11,02 % bis zum Jahr 2030, während der Kreis einen Rückgang von -4,9 % und das Bundesland einen Zuwachs von 2,1 % erfährt (vgl. Abbildung 4-10).

Gemäß der Zahlen des Statistischen Bundesamts (Statistik BW, 2015) ist mit Rückgängen je nach Rate von 7.096 Einwohnern 2005 auf 5.985 Einwohnern bis 2035 zu rechnen. Auch wenn das eine große Abnahme darstellt, zeigt genaueres Betrachten (vgl. Abbildung 4-9), dass es einen starken Abfall zwischen 2005 und 2015 gegeben hat, während sich der Bevölkerungsrückgang ab 2015 langsamer vollzieht. Dementsprechend ist von 2015 bis 2035 mit einem konstanten Rückgang von 6.500 auf ungefähr 5.985 Einwohner zu rechnen.

---

[43] Eigene Abbildung in Anlehnung an (Statistik BW, 2015).

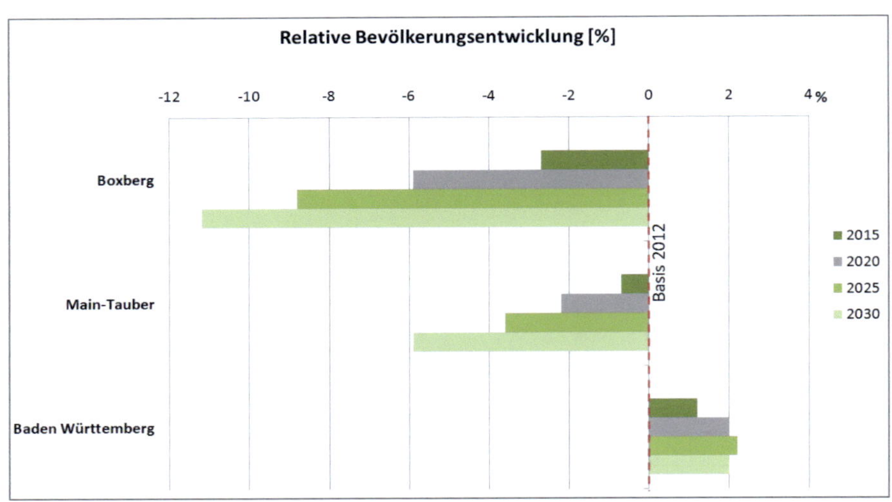

Abbildung 4-10: Bevölkerungsprognose für Boxberg, Main-Tauber Kreis und Baden-Württemberg[44]

Obwohl in Boxberg die Einwohnerzahlen zurückgehen, ist im Vergleich zu anderen Gegenden in Deutschland der Abfall relativ gering (vgl. Kapitel 2.2). Dies in Kombination mit seiner geographischen Lage in Baden-Württemberg kann sich als vorteilhaft erweisen. Städte und Gemeinden mit der Klassifizierung „Demografietyp 1"[45] befinden sich aufgrund ihrer demografischen, wirtschaftlichen und sozialen Entwicklung in einer günstigen Ausgangslage (Bertelsmann Stiftung, 2016). Das bedeutet, dass die Stadt Boxberg in einem wirtschaftlich und demografisch stabilen ländlichen Raum liegt. Stärken solcher Regionen ist die Fähigkeit, junge Familien anzuziehen, um eine gewisses demografisches Gleichgewicht zu halten und Steuereinnahmen zu erhöhen (Große Starmann, et al., 2016). Die e-Mobilität kann einen wichtigen Beitrag leisten, um eine Stadt wie Boxberg auch künftig als attraktives Lebensumfeld zu gestalten:

---

[44] Eigene Abbildung in Anlehnung an (Bertelsmann Stiftung, 2016).

[45] Demografietypen: Jede Kommune ist anders und doch gibt es Gemeinsamkeiten: in der demografischen Entwicklung, in der sozialen und wirtschaftlichen Ausgangslage oder im regionalen Umfeld. Neun Demografietypen führen Städte und Gemeinden auf der Basis von ähnlichen Kennzahlenausprägungen in Gruppen zusammen. Je Typ werden Herausforderungen, Potenziale und konkrete Handlungsansätze beschrieben - u.a. in Bezug auf Stadtentwicklung, Mobilität, Digitalisierung, Geflüchtete, Partizipation, Familien- und Seniorenpolitik.

- Sicherung von Mobilität,
- Stärkung von bürgerschaftlichem Engagement und Selbsthilfe,
- Sicherung der Lebensqualität älterer Menschen,
- Anpassung der Infrastrukturen und
- Erhaltung der Familienfreundlichkeit.

Insbesondere die oben genannten ersten drei Aspekte werden vom e-Bürgerauto adressiert. Junge Familien können durch den Fahrdienst auch angesprochen werden, da durch das Angebot ein Teil typischer Wegestrecken übernommen werden kann (z. B. für Freizeitaktivitäten der Kinder).

Der Bevölkerungswandel und die Stabilität von Boxberg sind zwei Faktoren, die die Leistungsfähigkeit und die Nachhaltigkeit des e-Fahrdienstes beeinflussen. Wie Kapitel zwei gezeigt hat, ist die Altersstruktur in Bezug auf die Mobilität sehr wichtig, insbesondere dann, wenn diese überwiegend aus jungen und alten Leuten besteht. Im Fall von Boxberg bleibt der Jugendquotient relativ konstant auch wenn die Gesamtzahl von jungen Leuten abnimmt (vgl. Abbildung 4-11).

Was aber den e-Fahrdienst am meisten beeinflusst, ist der bis 2030 von 35 % auf 54 % steigende Altenquotient (vgl. Abbildung 4-11).

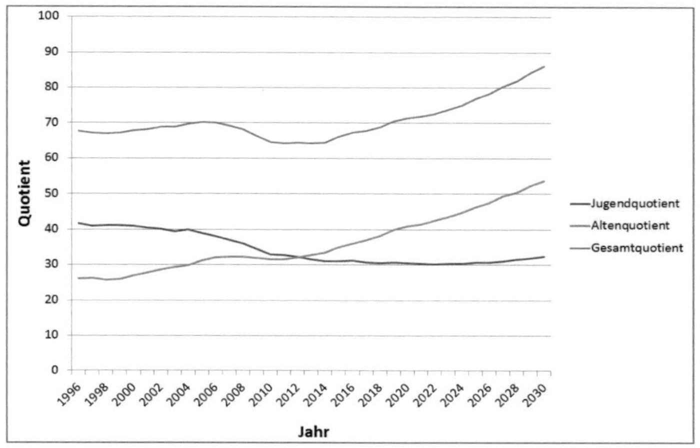

Abbildung 4-11: Jugend-, Alten- und Gesamtquotient in Boxberg[46]

---

[46] Eigene Abbildung in Anlehnung an (Statistik BW, 2015).

Prognosen machen zudem deutlich, dass insbesondere die Bevölkerung zwischen 20 und 65 Jahren abnimmt (vgl. Abbildung 4-12). Das hat zur Folge, dass der Gesamtquotient[47] steigt - in diesem Fall von 66 % im Jahr 2012 auf 86 % bis zum Jahr 2030 (Statistik BW, 2015).

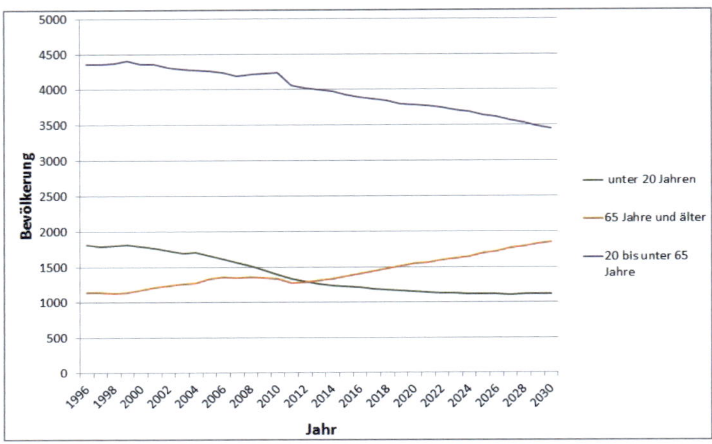

Abbildung 4-12: Bevölkerungsentwicklung in Boxberg[48]

Zieht man in Betracht, dass überwiegend ältere Menschen (86,9 % der Bevölkerung sind 2015 älter als 65 Jahre[49]) vom e-Bürgerauto Gebrauch machen, lässt sich schlussfolgern, dass Boxberg das Potenzial hat, diesen Dienst mindestens für die kommenden 15 Jahre weiterzuführen (auf Basis der Bevölkerungsprognosen bis 2030). Boxberg kann so einigen der Herausforderungen im Hinblick auf einen attraktiveren Wohnort durch verbesserte Mobilität und höhere Lebensqualität begegnen.

Haushaltsbefragungen 2012 und 2015

Eine durch eine Arbeitsgemeinschaft der Stadt Boxberg durchgeführte Befragung der Einwohner aller Stadtteile mittels eines Fragebogens (170 Antwortbögen, 63 % weibliche Antwortende, am häufigsten vertretene Altersgruppe mit 45 Teilnehmern 60-70

---

[47] Der Gesamtquotient ist vor allem für ökonomische Fragestellungen relevant und spiegelt das quantitative Verhältnis von Bevölkerung im erwerbsfähigen und nichterwerbsfähigen Alter wider, er ergibt sich als Summe aus dem Jugend- und dem Altenquotienten; s.a. Glossar.

[48] Eigene Abbildung in Anlehnung an (Statistik BW, 2015).

[49] Vgl. Ergebnisse der Fahrgastbefragung in Kapitel 4.2.1

Jahre) in zwei aufeinanderfolgenden Ausgaben des Amtsblattes (Nr. 43 und 44 2012; Auflage je 2.000 Stück) bestätigt die Studienergebnisse zur Mobilität in ländlich geprägten Räumen (Follmer, et al., 2010) in denen der MIV dominiert, gefolgt vom Zufußgehen: 102 Personen gaben an, überwiegend mit dem eigenen Pkw mobil zu sein, 93 Personen gehen überwiegend zu Fuß.[50] Bestätigt wird die Hypothese, dass der ÖPNV im Vergleich zum MIV nur ein Nischendasein fristet (19 Antwortende gaben diese Antwort).

Durch Wiederholung dieser Umfrage Ende 2015, ebenfalls als Fragebogen in einer Ausgabe des Amtsblatts (Nr. 46 2015) sowie als Onlinefragebogen (96 Antworten, 71 % weibliche Teilnehmer, am häufigsten vertretene Altersgruppe mit 25 Nennungen 65-74 Jahre), wurde die ÖPNV-Nutzung im Vergleich zur Nutzung des eigenen Pkw bestätigt: 64 Personen gaben an, überwiegend mit dem eigenen Pkw mobil zu sein, nur drei Antworten lassen auf eine überwiegende Nutzung des ÖPNV schließen.[51]

Auf die Frage, welche Gründe für eine persönliche Einschränkung in der Mobilität führen, waren 2012 und 2015 die häufigsten Antworten, dass eine gesundheitliche Beeinträchtigung vorliegt (18 Nennungen 2012, 28 Nennungen 2015). Kein Auto bzw. keine Fahrerlaubnis waren in beiden Jahren der zweithäufigste Grund (10 Nennungen 2012, 16 Nennungen 2015), eine schlechte ÖPNV-Anbindung wurde in beiden Jahren als dritthäufigster Grund genannt (9 Nennungen 2012, 10 Nennungen 2015).[52]

---

[50] Geschlossene Frage mit sechs Auswahlmöglichkeiten; Mehrfachnennungen möglich.

[51] Geschlossene Frage mit sechs Auswahlmöglichkeiten; Mehrfachnennungen möglich.

[52] Halboffene Frage mit acht Auswahlmöglichkeiten; Mehrfachnennungen möglich.

	Prozentuale Verteilung der Antworten je Jahr		Anzahl Nennungen	
	2012	2015	2012	2015
Überwiegend mit eigenem Pkw mobil	31,9 %	37,9 %	320	169
Überwiegend mit ÖPNV mobil	5,9 %	1,8 %		
Persönliche Mobilität schwierig aufgrund gesundheitlicher Beeinträchtigung	30,5 %	48,3 %	59	58
Persönliche Mobilität schwierig aufgrund fehlender Fahrerlaubnis/fehlendem Fahrzeug	16,9 %	27,6 %		
Persönliche Mobilität schwierig aufgrund unzureichender ÖPNV-Anbindung	15,3 %	17,2 %		

Tabelle 4-5: Ergebnisse zweier Haushaltsbefragungen in Boxberg

4.2 Ergebnisse des Realbetriebs

Wie zuvor dargelegt, ist die Stadt Boxberg für ein flexibles ÖPNV-System in Form eines (e-)Bürger(ruf)autos prädestiniert. Um aber verbindliche Aussagen hinsichtlich der Eignung treffen zu können, bedarf es der genauen Bewertung des Realbetriebs bezüglich der Leistungsfähigkeit und Nachhaltigkeit des Mobilitätskonzepts.

Zunächst wurden zur Bewertung des Mobilitätskonzepts die zurückgelegten Personenkilometer pro Fahrtag in zwei Darstellungsformen für die gesamten Betriebszeitraum von April 2014 bis Dezember 2015 untersucht.

Aus der folgenden Abbildung wird ersichtlich, dass das Mobilitätskonzept vier Phasen durchlaufen hat. Die Anzahl der monatlich absolvierten Fahrtage sind grün abgetragen, die Personenkilometer als Produkt der Fahrgastanzahl und den gefahrenen km pro Monat wird durch die schwarze Linie repräsentiert. Die erste Phase, von April 2014 bis einschließlich August 2014, zeigt die Startphase. Abgesehen von einem Rückgang im August steigen die zurückgelegten Personenkilometer kontinuierlich an. Der Rückgang ist durch eine geringe Anzahl absolvierter Fahrtage (20 im August gegenüber 23 im Juli und 22 im September) begründet.

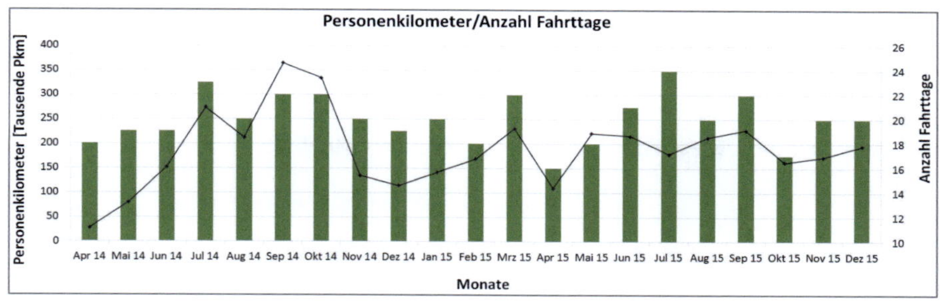

Abbildung 4-13: Entwicklung der Personenkilometer pro Fahrtage über die Projektlaufzeit[53]

Die zweite Phase zeigt zwei Monate mit den höchsten zurückgelegten Personenkilometern des e-Bürgerautos in den Monaten September und Oktober 2014.

Die dritte Phase geht von November 2014 bis einschließlich Januar 2015 und zeigt einen deutlichen Rückgang. Dies liegt darin begründet, dass aufgrund der kälteren Außentemperaturen im Winter das Mobilitätsangebot reduziert wurde, um der befürchteten Unsicherheit bezüglich der Batteriereichweite Rechnung zu tragen.[54]

Die vierte Phase geht von Februar bis zum Ende des Untersuchungszeitraums im Dezember 2015. Ein Einbruch ist im April 2015 zu verzeichnen, allerdings wurde in dieser Zeit das e-Fahrzeug aufgrund eines Werkstattaufenthalts auch an weniger Tagen eingesetzt.[55] Der Rückgang im Oktober 2015 kann ebenfalls durch eine Reduktion der Bedientage erklärt werden. Die Monate November und Dezember 2015 weisen wieder steigende Werte und stabilere Werte gegenüber den gleichen Vorjahresmonaten auf. Grund dafür kann die Erfahrung der Fahrer sein, die bereits einen Winter fuhren, und dem e-Fahrzeug mehr Vertrauen entgegengebracht haben.

Ungeachtet dessen, befördert das e-Bürgerauto eine vergleichsweise kleine Anzahl von Fahrgästen pro Monat. Bspw. kann eine einzige Person, die das Fahrzeug täglich einmal genutzt hat und ausfällt, die Mobilitätsnachfrage erheblich beeinflussen. Eine verbindlichere Aussage kann daher getroffen werden, wenn die Personenkilo-

---

[53] Eigene Abbildung.

[54] Wie Kapitel 4.2.2 zeigt, gab es bei den Fahrern Unsicherheiten bezüglich der Batteriereichweite, weshalb das Mobilitätsangebot im ersten Winter des Realbetriebs eingeschränkt wurde (die Mittagspause zur Verlängerung der Zwischenladung wurde ausgeweitet, vgl. Kapitel 4.2.3

[55] Aufgrund eines leichten Auffahrunfalls musste das e-Fahrzeug für drei Tage zur Behebung eines Blechschadens in die Reparatur.

meter originärer Fahrgäste betrachtet werden. Also von Fahrgästen, die an dem jeweiligen Fahrtag nur eine Strecke zurückgelegt haben. Die folgende Abbildung 4-14 zeigt, dass die in Abbildung 4-13 dargelegten Phasen ebenfalls identifiziert werden können, aber die Übergänge zwischen den Phasen gemäßigter sind.

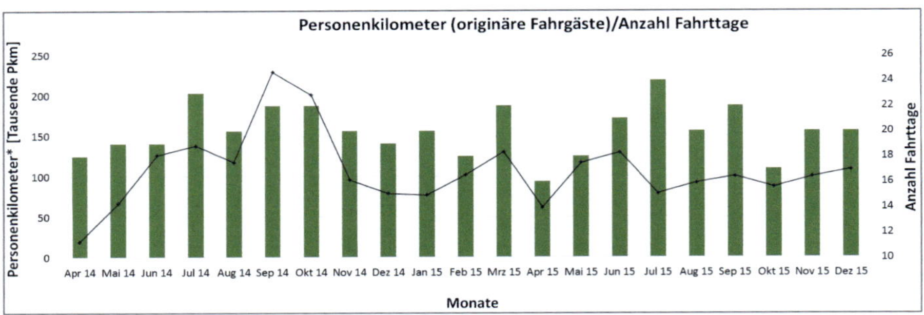

Abbildung 4-14: Entwicklung der Personenkilometer pro originären Fahrgästen über die Projektlaufzeit[56]

Die Ergebnisse des Monats April 2015 stellen auch bei dieser Betrachtung einen Ausreißer dar, allerdings relativiert sich dieser Eindruck, wenn in einem zweiten Schritt die durchschnittlich pro Tag mit dem e-Fahrzeug gefahrenen Kilometer betrachtet werden. Die folgende Abbildung verdeutlicht, dass bei dieser Auswertungsform ein starker Rückgang im April 2015 kaum ausgemacht werden kann. Obwohl das Fahrzeug im April über einen längeren Zeitraum nicht verfügbar war, wurden im gesamten Verlauf des Monats nahezu genauso viele Kilometer im Durchschnitt pro Betriebstag gefahren, wie in den anderen Monaten auch.

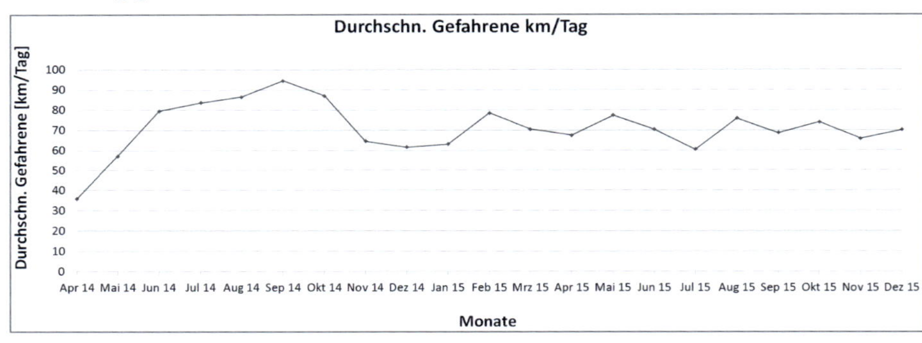

Abbildung 4-15: Durchschnittlich gefahrene km/Tag über die Projektlaufzeit

---

[56] Eigene Abbildung.

Zusammengefasst kann attestiert werden, dass das Mobilitätsangebot in einer stabilen Phase ist. In Verbindung mit der Analyse der Bevölkerungsentwicklung ergibt sich daraus die Fragestellung, ob das System langfristig verstetigt werden kann. Diese Frage müsste jedoch durch eine länger laufende wissenschaftliche Untersuchung weiter überprüft werden.

Darüber hinaus zeigt

Tabelle 4-6 verschiedene Parameter des Realbetriebes. Die Werte können aber aufgrund der unterschiedlichen Betrachtungszeiträume in beiden Jahren nur anhand von Durchschnittswerten verglichen werden.

	2014 (9 Monate)	2015 (12 Monate)
Anzahl Fahrgäste	1.107	1.720
Durchschnittliche Anzahl Fahrgäste pro Monat	123	143
Anzahl originäre Fahrgäste[57]	719	910
Durchschnittliche Anzahl originärer Fahrgäste pro Monat	80	76
Anzahl Fahrten	182	238
Durchschn. Anzahl Fahrtage pro Monat	20	20
Max. zurückgelegte Gesamtstrecke km/Tag	140	141
Durchschnittlich gefahrene km/Tag	72	71

Tabelle 4-6: Ausgewählte Parameter des Realbetriebs

Die Werte der maximal an einem Tag zurückgelegten Strecke ähneln sich in beiden Betrachtungszeiträumen. Je Zeitraum wurde dieses Maximum im September erreicht. Gemäß den zuvor aufgezeigten Phasen handelte es sich im Jahr 2014 um eine Wachstumsphase, während in 2015 eine Phase der Stabilisierung erreicht war.

Durch Vergleiche können interessante Überlegungen angestellt werden. Bspw. stieg die durchschnittliche Fahrgastanzahl von 123 im Jahr 2014 auf 143 im Jahr 2015.

Ungeachtet dessen sankt die durchschnittliche Anzahl der originären Fahrgäste. Ein Grund kann sein, dass Fahrgäste nach einem einmaligen Testen des Angebots die-

---

[57] Die Anzahl der originären Fahrgäste im Bezugszeitraum eines Jahres ist wenig aussagekräftig und wird hier nur herangezogen, um einen Monatsdurchschnittswert bilden zu können.

ses im Anschluss nicht mehr genutzt haben. Die Fahrgäste, die aber das Angebot regelmäßig nutzen, sorgen für eine kontinuierliche Auslastung des e-Bürgerautos.

Die Werte der maximal an einem Tag zurückgelegten Strecke ähneln sich in beiden Betrachtungszeiträumen. Je Zeitraum wurde dieses Maximum im September erreicht. Gemäß den zuvor aufgezeigten Phasen handelte es sich im Jahr 2014 um eine Wachstumsphase, während in 2015 eine Phase der Stabilisierung erreicht war.

Die durchschnittlich pro Tag zurückgelegten Kilometer ähneln sich ebenfalls in beiden Betrachtungsräumen. Abschließend kann man den Werten entnehmen, dass das Mobilitätsangebot von einer stabilen Anzahl an Fahrgästen gut angenommen und regelmäßig genutzt wird.

Ein wichtiger Untersuchungsgegenstand im Projekt war die Erhöhung der Verbindung der Boxberger Ortsteile untereinander. Während der Projektlaufzeit konnte dahingehend eine positive Entwicklung beobachtet werden. Alle Fahrten mit Fahrgästen wurden hinsichtlich ihrer Quelle-Ziel-Beziehung untersucht. Die folgende Tabelle 4-7 zeigt die Verbindungen der am meisten frequentierten Ortsteile (Boxberg, Wölchingen und Schweigern) mit den verbleibenden Ortsteilen. Die Tabelle lässt den Schluss zu, dass im Jahr 2014 22% der Fahrten zwischen einem dieser drei Ortsteile und einem anderen Ortsteil stattfanden. Im Jahr 2015 betrug dieser Anteil 27 %. Im Gegensatz dazu kann auch beobachtet werden, dass Verbindungen zwischen Ortsteilen auch abgenommen hat (z. B. Angeltürn im Vergleich der Jahre 2014 und 2015). Solche Ortsteile können erste Anlaufstellen sein, um das Mobilitätsangebot stärker zu promoten, um neue Fahrgäste zu gewinnen.

Zentrale-Ortsteile	Ortsteile	2014	2015
Boxberg-Wölchingen-Schweigern	Angeltürn	3,0%	0,2%
	Bobstadt	2,6%	5,6%
	Epplingen	1,7%	1,5%
	Kupprichhausen	1,9%	1,8%
	Lengenrieden	0,7%	0,5%
	Oberschüpf	0,2%	0,6%
	Schwabhausen	6,0%	2,7%
	Uiffingen	1,0%	6,5%
	Unterschüpf	4,8%	7,5%
	Windischbuch	0,5%	0,9%
Summe		22%	28%

Tabelle 4-7: Fahrten zwischen den Ortsteilen von Boxberg

Die folgenden Unterkapitel zeigt nun im Anschluss an die dargestellten allgemeinen Auswertungen ausgewählte Ergebnisse des knapp zweijährigen Einsatzes des Elektrofahrzeugs. Dabei handelt es sich methodisch zum einen um sozialwissenschaftlich-empirische Erhebungen durch Befragungen, zum anderen um die technisch-empirischen Evaluation durch Messdatenauswertungen. Dazu wurden Fahrer und Fahrgäste in zeitlichen Abständen bezüglich des e-Fahrdienstes befragt und die Fahrten des e-Fahrzeugs sowohl in Testfahrten als auch im Praxiseinsatz des Fahrdienstes erfasst.

Unter der Überschrift „Erfolg messen" zeigt die folgende Abbildung mittig die drei genannten Evaluationsansätze zur Bewertung des Mobilitätskonzepts. Flankierend dazu werden die im vorherigen Kapitel erwähnten Gestaltungsbereiche, als Basis um einen Fahrdienst erfolgreich aufbauen zu können, dargestellt. Der Gedanke der kontinuierlichen Verbesserung als Maßnahme zur langfristigen Sicherstellung des Erfolgs ist in der Abbildung durch einen Kreislauf visualisiert.

Abbildung 4-16: Optimale Rahmenbedingungen schaffen und den Betrieb verstetigen

Für die Fahrer- und Fahrgastevaluationen werden die Empfehlungen der Forschungsgesellschaft für Straßen- und Verkehrswesen zur Evaluation verkehrsbezogener Maßnahmen herangezogen (Forschungsgesellschaft für Straßen- und Verkehrswesen e.V., 2012). Neben der Zieldefinition und Hypothesenformulierung wurde ein zweistufiges Forschungsdesign umgesetzt: den Fragebögen der ersten

Erhebungsrunde liegen Befragungskategorien zugrunde, die durch entsprechende Fragestellungen operationalisiert wurden. Bei den Befragungskategorien handelt es sich beispielsweise um Elektromobilität (Untersuchung der Bekanntheit) oder Fahrzeug (Untersuchung der Praxistauglichkeit). Im Sinne eines explorativen Designs galt es, anhand weitestgehend offener Fragestellungen relevante Antwortklassen aus den erhaltenen Freitextantworten zu identifizieren.

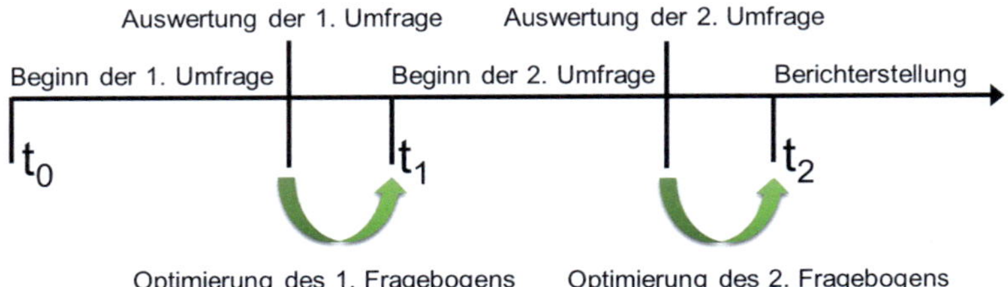

Abbildung 4-17: Zeitablauf der Fahrer- und Fahrgastevaluationen

Dementsprechend wurden in den Fragebögen der zweiten Erhebungsrunde die in der ersten Befragung erhobenen Antwortklassen je Befragungskategorie überprüft und bewertet. Nach der Durchführung erfolgten die Dokumentation, Ergebnisinterpretation und Hypothesenüberprüfung.

4.2.1 Fahrgastevaluation

Im Zuge des Projektes wurden zwei Fahrgastbefragungen durchgeführt. Der erste Befragungszeitraum war vom 19. Mai 2014 bis zum 4. Juli 2014, der zweite vom 15. September 2014 bis 28. Oktober 2015 (jeweils erstes bzw. letztes Fragebogenausfülldatum), sodass sich der Befragungszeitraum auf sechs bis sieben Wochen erstreckte.

Die Fahrer sprachen nach Beendigung einer Fahrt die Fahrgäste persönlich an, übergaben den Fragebogen und standen für Rückfragen zur Verfügung. Im Rahmen der regelmäßigen Fahrertreffen hat je vor Beginn der Untersuchung ein Universitätsmitarbeiter die Umfrage und das zugrundeliegende Forschungsdesign vorgestellt, die Bedeutung der Umfrage hervorgehoben und allgemeine Hinweise für solche Befragungen mit Interviewcharakter gegeben. So sollte einer Beeinflussung des Befrag-

ten durch die Fragenden entgegengewirkt werden, um möglichst unvoreingenomme-
ne Antworten zu erhalten.

Die folgende Tabelle zeigt die Zusammensetzung der Stichproben beider Erhebungen:

	2014	2015
Anzahl Teilnehmer	23	23
Anteil weiblicher Teilnehmer	78,3 %	87,0 %
Anteil Teilnehmer der ersten Befragung	-	36,4 %
Anteil Teilnehmer Altersklasse < 18 Jahre	0 %	4,3 %
Anteil Teilnehmer Altersklasse 18-29 Jahre	8,7 %	0 %
Anteil Teilnehmer Altersklasse 30-49 Jahre	0 %	0 %
Anteil Teilnehmer Altersklasse 50-64 Jahre	17,4 %	8,7 %
Anteil Teilnehmer Altersklasse > 65 Jahre	73,9 %	86,9 %
davon: Anteil Teilnehmer Altersklasse 65-74 Jahre	-	56,5 %
davon: Anteil Teilnehmer Altersklasse > 75	-	30,4 %

Tabelle 4-8: Zusammensetzung der Fahrgast- Stichproben

Im Folgenden werden ausgewählte Ergebnisse der Befragungen vorgestellt.

Anhand der ausgewerteten Stichproben kann die Aussage getroffen werden, dass
die überwiegende Mehrheit weiblich und im betagten Alter ist. Konkret sind in beiden
Erhebungszeiträumen über 3/4 der Fahrgäste weiblich. Im Jahr 2014 waren knapp
3/4 der Fahrgäste älter als 65 Jahre, 2015 waren knapp 90 % der Fahrgäste älter als
65 Jahre mit einem Anteil von fast 1/3 über 75-jähriger.

Abbildung 4-18 zeigt Antworten auf die Frage „Was verbinden Sie mit dem Begriff
der Elektromobilität?" als Bestandteil der Befragungskategorie Elektromobilität für die
Jahre 2014 und 2015.

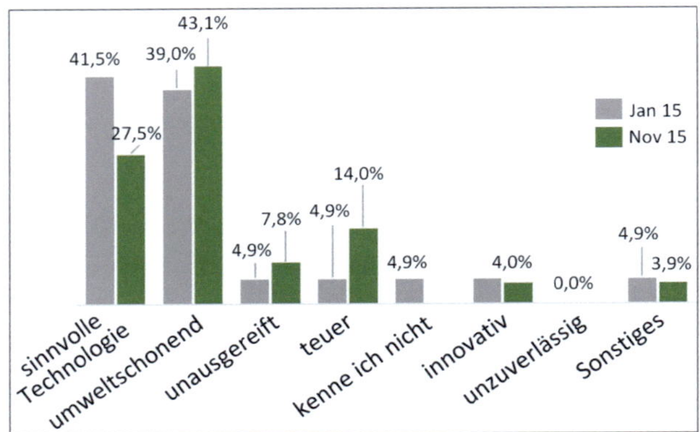

Abbildung 4-18: Umfrageergebnisse: Was verbinden Sie als Fahrgast mit dem Begriff Elektromobilität?[58]

In absoluten Zahlen ausgerückt, geben 2014 die Befragten 33 Mal die Antworten, dass es sich bei Elektromobilität um eine sinnvolle Technologie handelt, die umweltschonend ist. Diese Ausprägung wird 2015 mit über 36 Antworten bestätigt. Auffallend ist, dass 2015 mit sieben Antworten über dreimal so viele Befragte die Elektromobilität für teuer halten, als im Jahr 2014 mit zwei Antworten.

Um mehr darüber zu erfahren, wie die Fahrgäste auf den e-Fahrdienst aufmerksam geworden sind, wurde diesbezüglich gezielt eine Frage gestellt. Bestätigt wurde die These, dass die Zielgruppe mobilitätseingeschränkter Bürgerinnen und Bürger, die überwiegend älter sind, affin für persönliche Ansprachen sowie Printmedien sind. Insbesondere das Amtsblatt ist ein geeignetes Marketinginstrument, da sowohl 2014 als auch 2015 über 37 % der Nennungen darauf entfielen.

---

[58] n=23; verbalisierte halboffene Fragestellung; Mehrfachnennungen möglich; 41 Antworten im Jahr 2014, 51 Antworten im Jahr 2015.

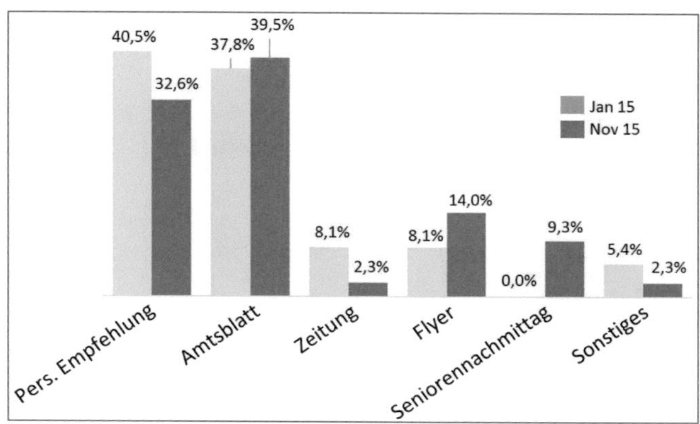

Abbildung 4-19: Umfrageergebnisse: Wie sind Sie auf den e-Fahrdienst aufmerksam geworden?[59]

Ergänzend sei erwähnt, dass die sonstigen Antworten keine Hinweise auf die Nutzung des Internets erkennen lassen, obwohl auf der Homepage der Stadt Boxberg für die Initiative geworben wurde und die Webseitenadresse des Vereins bei Marketingmaßnahmen angegeben wurde. Eine positive Einstellung gegenüber dem e-Fahrdienst wird durch die 2014 und 2015 durchgeführten Fahrgastbefragungen bestätigt. Auf die Frage „Wie zufrieden sind Sie im Allgemeinen mit dem e-Fahrdienst?" zur Messung der absoluten Zufriedenheit der Fahrgäste mit dem e-Fahrdienst konnte auf einer zweidimensionalen Skala in Abstufungen zwischen „sehr zufrieden" und „sehr unzufrieden" gewählt werden.

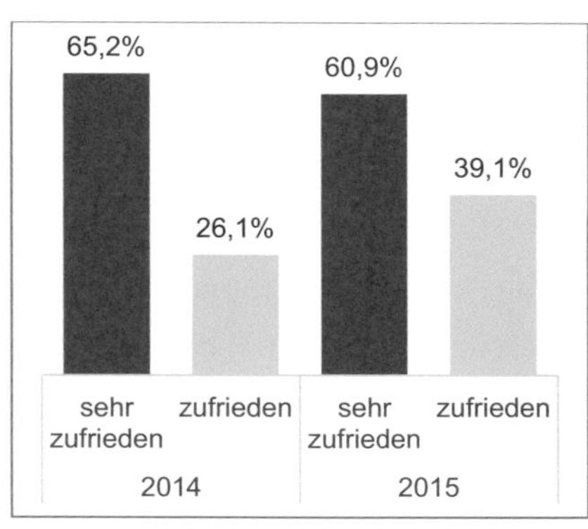

Abbildung 4-20: Umfrageergebnisse Fahrgastbefragung: Wie zufrieden sind Sie mit dem e-Fahrdienst?[60]

---

[59] n= 23; verbalisierte, halboffene Fragestellung; Mehrfachnennungen möglich; 37 Antworten im Jahr 2014, 43 Antworten im Jahr 2015.

Unzufriedenheit konnte im Rahmen einer offenen Frage ausschließlich mit den Bedienzeiten identifiziert werden. Diesbezüglich wünschten sich in der ersten Erhebung sechs und in der zweiten Erhebung fünf Befragte eine Ausweitung der Bedienung auf frühe Morgen- und späte Abendstunden, auf das Wochenende oder über das Stadtgebiet hinaus.

Die in Kapitel 4.1erwähnte im Jahr 2015 durchgeführte Befragung der Haushalte in Boxberg konnte diese Ausprägung der absoluten Zufriedenheit bestätigen.

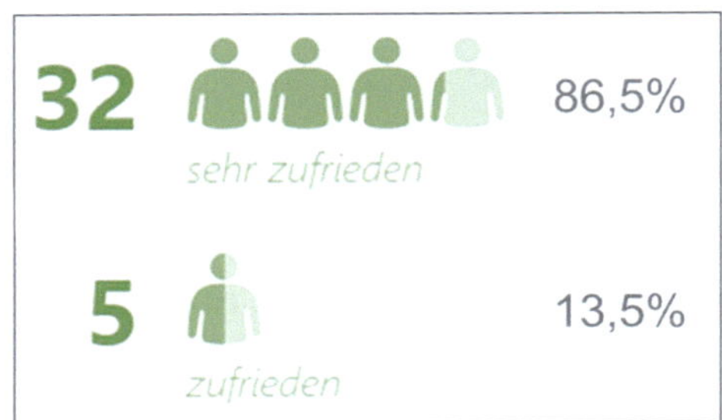

Abbildung 4-21: Umfrageergebnisse Haushaltsbefragung: Wie zufrieden sind Sie mit dem e-Fahrdienst?[61]

Befragt wurden die Personen der Grundgesamtheit, die im Fragebogen angaben, den e-Fahrdienst bereits genutzt zu haben. Von diesen 37 Personen, gaben 32 Personen an, sehr zufrieden mit dem e-Fahrdienst zu sein (86,5 %). Fünf Befragte gaben an, zufrieden zu sein (13,5 %).

4.2.2 Fahrerevaluation

Hinsichtlich der Befragungskategorien wurden auch die ehrenamtlichen Fahrer des e-Fahrdienstes Boxberg befragt. Nachfolgend werden ausgewählte Ergebnisse mit Fokus auf die Kategorien "Elektromobilität" und „Fahrzeug" vorgestellt.

Es sind zwei Fahrerbefragungen durchgeführt worden. Diese wurden den Fahrern auf den regelmäßigen Arbeitstreffen (u.a. zur Einsatzplanung) von Universitätsmitarbeitern vorgestellt – etwaige Verständnisfragen konnten so unmittelbar geklärt wer-

---

[60] n= 23; verbalisierte, geschlossene Frage; 2014 und 2015 je 23 Antworten; die Antwortkategorien „weder zufrieden noch unzufrieden", „unzufrieden", „sehr unzufrieden" und „weiß nicht" fehlen in dieser Darstellung.

[61] n= 37; verbalisierte, geschlossene Frage; die Antwortkategorien „weder zufrieden noch unzufrieden", „unzufrieden", „sehr unzufrieden" und „weiß nicht" fehlen in dieser Darstellung.

---

den. Der erste Fragebogen wurde am 21. Januar 2015, der zweite Fragebogen am 18. November 2015 verteilt.

	Jan. 2015	Nov. 2015
Anzahl Teilnehmer	15	20
Anteil weiblicher Teilnehmer	6,7 %	5,0 %
Anteil Teilnehmer Altersklasse 18-29 Jahre	0 %	0 %
Anteil Teilnehmer Altersklasse 30-49 Jahre	6,7 %	0 %
Anteil Teilnehmer Altersklasse 50-64 Jahre	26,7 %	35,0 %
Anteil Teilnehmer Altersklasse > 65 Jahre	66,7 %	65,0 %
davon: Anteil Teilnehmer Altersklasse 65-74 Jahre	-	65,0 %
davon: Anteil Teilnehmer Altersklasse > 75	-	0,0 %

Tabelle 4-9: Zusammensetzung der Fahrer- Stichproben

Die Tabelle zeigt die Zusammensetzung und Altersstruktur der Fahrerinnen und Fahrer des e-Bürgerautos in Boxberg. Mit jeweils einer Befragungsteilnehmerin an beiden Erhebungszeiträumen liegt der Anteil männlicher Fahrer über 95 %. Deutlich ist anhand der Stichproben darüber hinaus zu erkennen, dass mit über 65 % der überwiegende Teil der Fahrer älter als 65 Jahre ist, wobei es im zweiten Erhebungszeitraum keinen Fahrer gab, der älter als 75 Jahre alt ist.[62]

Die folgende Grafik gibt Aufschluss über die absolute Anzahl Fahrerinnen und Fahrer während des Projektzeitraums.

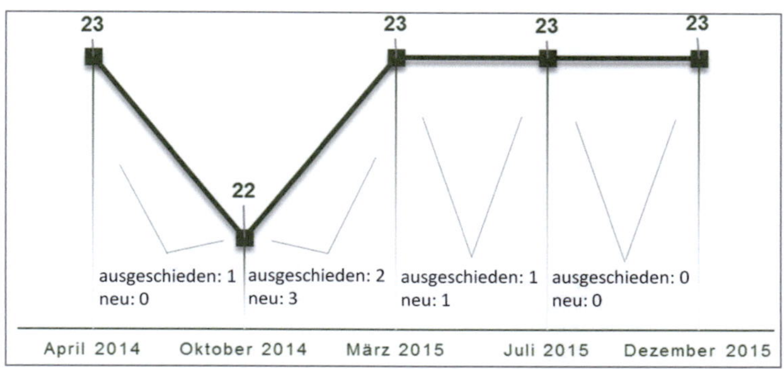

Abbildung 4-22: Entwicklung und Fluktuation der Anzahl der Fahrer über die Projektlaufzeit

[62] Im ersten Erhebungszeitraum wurde die Altersklasse älter als 75 Jahre nicht als Auswahlmöglichkeit angegeben.

Zu erkennen ist darüber hinaus die Fluktuation. Hierzu sind keine Vergleichswerte aus anderen Gemeinschaftsverkehren bekannt, wenn auch die Gewinnung von Ehrenamtlichen als Daueraufgabe angesehen wird. Ferner ist mit über 20 Ehrenamtlichen bei durchschnittlich ca. 19,75 Fahrtagen pro Monat rechnerisch gewährleistet, dass jeder Fahrer durchschnittlich max. einen Fahrdienst pro Monat übernimmt.

Die Befragungen in beiden Erhebungszeiträumen haben bestätigt, dass der überwiegende Teil der Fahrer durchschnittlich einmal pro Monat fährt (jeweils über 70 %). Häufigeres Fahren als zweimal pro Monat wurde in beiden Befragungen für die verbleibenden Antwortmöglichkeiten je nur von einer Person genannt.

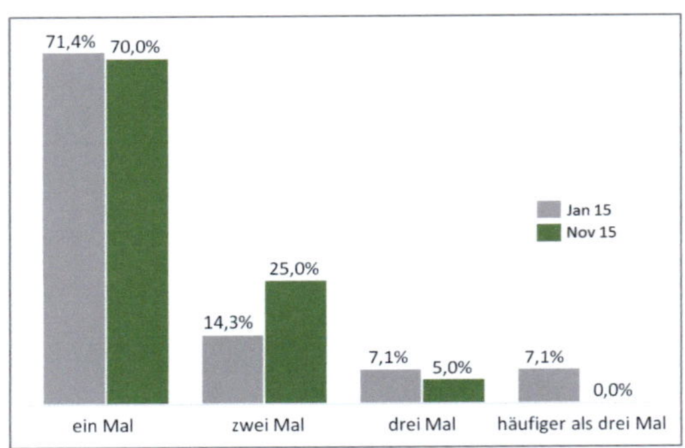

Abbildung 4-23: Durchschnittliche Anzahl Fahreinsätze der Ehrenamtlichen pro Monat[63]

Auch die Fahrer wurden bezüglich Ihrer Assoziation mit dem Begriff Elektromobilität durch die Frage „Was verbinden Sie mit dem Begriff der Elektromobilität?" als Bestandteil der Befragungskategorie Elektromobilität im Jahr 2015 zwei Mal befragt:

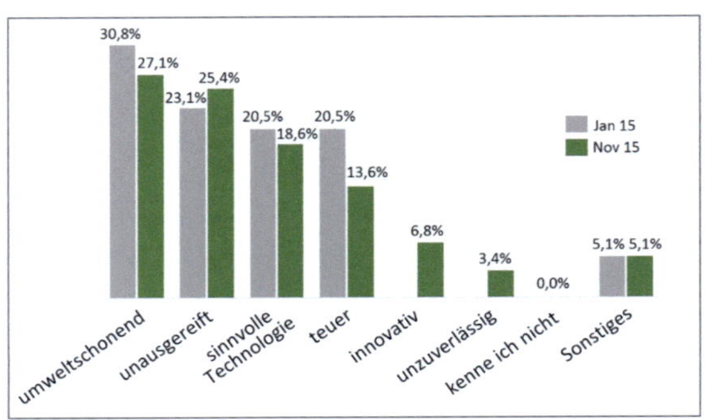

Abbildung 4-24: Was verbinden Sie als Fahrer mit dem Begriff Elektromobilität?[64]

---

[63] Geschlossene Fragestellung.

Die Antwortmöglichkeiten „umweltschonend"', „unausgereift", „sinnvolle Technologie" sowie „teuer" dominieren in beiden Erhebungszeiträumen das Meinungsbild. Im zweiten Erhebungszeitraum liegen die Antworten „sinnvolle Technologie" und „teuer" anteilig als einzige unter 20 % der Antworten. Absolut betrachtet, am Beispiel „sinnvolle Technologie", entfielen im ersten Erhebungszeitraum acht und im zweiten Erhebungszeitraum elf Antworten auf diese Antwortmöglichkeit. Neben den Antwortmöglichkeiten „kenne ich nicht" und „Sonstiges" sind von den verbleibenden Antwortmöglichkeiten die Hälfte positiv sowie die andere Hälfte negativ belegt. Mit Blick auf die Verteilung der Antwortmöglichkeiten herrscht ein leicht positives Meinungsbild, da positiv belegte Antworten („umweltschonend", „sinnvolle Technologie", „innovativ") häufiger als negativ belegte Antworten („teuer", „unausgereift", „unzuverlässig") genannt wurden: im Januar gab es in Summe 20 positive und 17 negative Nennungen, im November 31 positive und 25 negative Nennungen.

Vor dem Hintergrund der Fahrbetriebsevaluation und dem realen Verhalten des Fahrzeugs in der Praxis waren insbesondere die Angaben zum Ladestand der Batterie als auch die vom Hersteller ermittelten Restreichweiten zu untersuchen. In der ersten Fahrerbefragung wurde daher die Frage nach der Präzision dieser Anzeigen gestellt. Die folgende Abbildung zeigt exemplarisch die Fragebogenfrage.

In der Abbildung rechts sehen Sie die Ladestandanzeige der Batterie. Wie präzise finden Sie diese Anzeige im Fahrzeug?

- ☐ sehr präzise
- ☐ präzise genug
- ☐ unpräzise
- ☐ sehr unpräzise
- ☐ weiß nicht

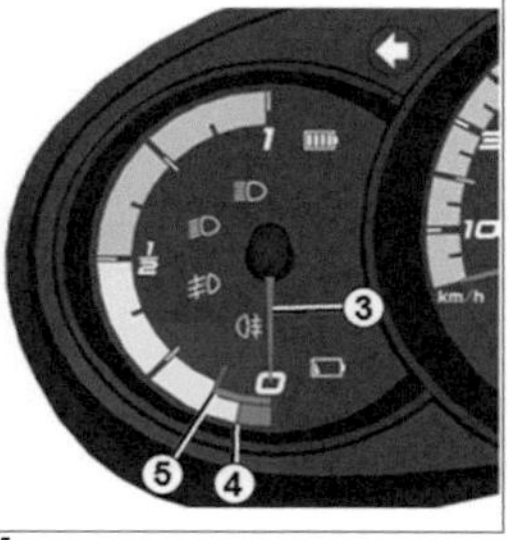

Abbildung 4-25: Fragebogenfrage nach der Präzision der Ladestandanzeige[65]

3/5 der Befragten gaben an, dass die Anzeige präzise genug sei während 2/5 angaben, dass die Anzeige unpräzise sei. Bei einer Frage hinsichtlich der Präzision der

---

[64] Verbalisierte halboffene Fragestellung; Mehrfachnennungen möglich; 59 Antworten im Jahr 2014, n=15; 51 Antworten im Jahr 2015, n=20.

[65] Verbalisierte, geschlossene Frage, 15 Antworten; Abb. aus Fahrzeughandbuch, vgl. (Renault, 2016).

Anzeige der prognostizierten Reichweite bestätigt sich das Stimmungsbild zu Gunsten einer präzisen Anzeige: 60 % der Befragten gaben an, dass diese Anzeige präzise sei, 26,7 % der Befragten stuften die Anzeige als unpräzise ein.[66] Alle 15 Antwortenden gaben an, dass sie ihr Fahrverhalten entsprechend den Anzeigen angepasst haben.

In Anlehnung an eine Akzeptanzstudie mit 251 befragten Berufskraftfahrern mit Hybridbussen wurden in der Befragungskategorie „Fahrzeug" auch fahrkomfortbestimmende Kriterien wie bspw. „Vibration", „Geräuschbelastung im Innenraum" oder „Klimaregelung" untersucht (Faltenbacher, et al., 2011). Dazu zählt auch die Kategorie „Anzeige/Bedienelemente", die in Anlehnung an obige Einschätzungen bzgl. der Präzision der Anzeigen ebenfalls untersucht wurde. Bei dieser Fragestellung ging es um den expliziten Vergleich der Anzeige im Elektrofahrzeug gegenüber einem konventionell betriebenen Fahrzeug.

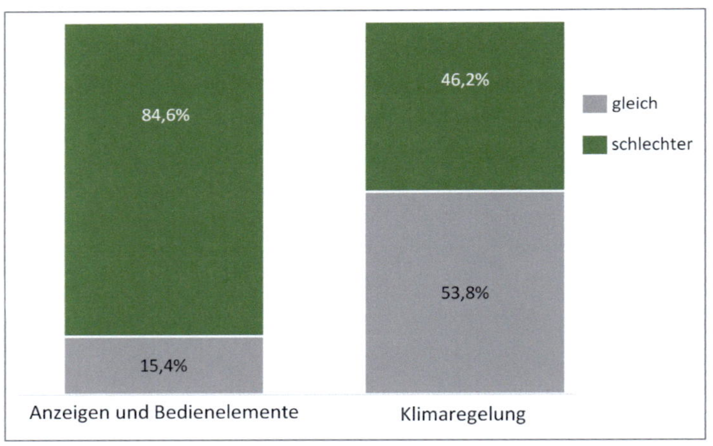

Abbildung 4-26: Vergleich e-Fahrzeug und konventionell betriebenes Fahrzeug hinsichtlich zweier fahrkomfortbestimmender Faktoren („Klimaregelung", „Anzeigen/Bedienelemente")[67]

Zu erkennen ist, dass über 80 % der Befragten angaben, die Anzeigen im e-Fahrzeug werden gegenüber einen verbrennungsmotorisch angetriebenen Fahrzeug als gleich empfunden.[68] In der gleichen Frage wurde u.a. auch hinsichtlich der Ein-

---

[66] Verbalisierte, geschlossene Frage, 15 Antworten.

[67] Verbalisierte, geschlossene Frage, 15 Antworten; Abb. aus Fahrzeughandbuch.

[68] Verbalisierte, geschlossene Frage, 14 Antworten; die dritte Antwortkategorie „besser" wurde nicht ausgewählt.

schätzung nach der Klimaregelung (sowohl Heizung als auch Kühlung) im Fahrzeug gefragt, die Antworthäufigkeiten sind vergleichend ebenfalls angegeben: hier ergibt sich das Bild, dass etwas mehr als die Hälfte der Befragten die Klimaregelung im e-Fahrzeug schlechter gegenüber einem konventionell betriebenen Fahrzeug empfinden.[69]

Als zentrale Erkenntnis muss für die erste Erhebung festgehalten werden, dass die begrenzte Reichweite eines Elektrofahrzeugs häufig angemerkt wurde. Ein möglicher Grund kann der Befragungszeitpunkt Januar 2015 sein, da wegen der niedrigen Außentemperaturen die Heizung zugeschaltet wurde, die Fahrer akut von eingeschränkten Reichweiten betroffen und sehr vorsichtig im Umgang mit dem Elektrofahrzeug waren. Das Kapitel der Fahrbetriebsevaluation wird den Aspekt reichweitenminimierender Faktoren aufgreifen. Auf die offene Frage „Welche Anregungen und Verbesserungsvorschläge haben Sie zur Weiterentwicklung des Fahrzeugs für den Einsatz im e-Fahrdienst?" wurden u.a. folgende Antworten gegeben, die alle im Falle der technischen Umsetzbarkeit höhere Fahrleistungen zur Folge haben.

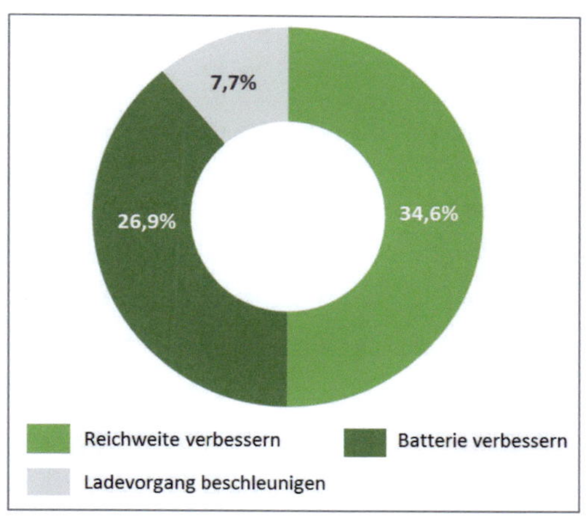

Abbildung 4-27: Auszug Verbesserungspotentiale für das Fahrzeug als e-Bürgerauto[70]

Im zweiten Erhebungszeitraum wurde aufgrund der häufigen Nennung obiger Verbesserungspotentiale u.a. die Untersuchung der Beschränkung der Reichweite for-

---

[69] Verbalisierte, geschlossene Frage, 14 Antworten; die dritte Antwortkategorie „besser" wurde nicht ausgewählt.

[70] Offene Fragestellung, n=14, 26 Antworten; es wurden Antwortklassen anhand der Freitextantworten gebildet; hier Darstellung von knapp 70 % der Antworten.

ciert. Exemplarisch werden nachfolgend die Befragungsergebnisse zur Klimaregelung dargestellt, da diese wie zuvor beschrieben, einen erheblichen Einfluss auf die
Fahrzeugreichweite hat. Gefragt wurde nach der Wichtigkeit sowie der Zufriedenheit
mit der Klimaregelung. Vergleichend ist für diesen Fragetyp auch die Kategorie „An-
zeige/Bedienelemente" ergänzt, um Unterschiede hinsichtlich der Bewertung durch
die Fahrer darstellen zu können.

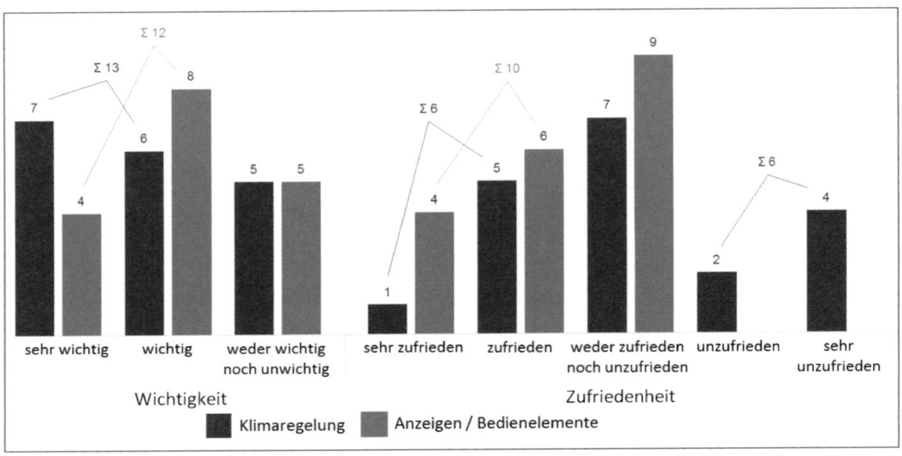

Abbildung 4-28: Wichtigkeit und Zufriedenheit hinsichtlich zweier fahrkomfortbestimmender Faktoren („Klimaregelung", „Anzeigen/Bedienelemente")[71]

Der Abbildung kann entnommen werden, dass mit 13 bzw. 12 Nennungen sowohl die
Klimaregelung als auch die Anzeigen in der Kategorie Wichtigkeit als „sehr wichtig" oder „wichtig" angegeben werden; jeweils fünf Antwortende zeigen ein undiffe-
renziertes Meinungsbild. Bezogen auf die Zufriedenheit zeigt sich jedoch ein unein-
heitlicheres Antwortverhalten: Während zehn Personen mit den Anzeigen „sehr zufrieden" oder „zufrieden" waren, sind es bezogen auf die Klimaregelung lediglich
sechs Antwortende. Insbesondere wurde erkennbar, dass auch sechs Fahrer mit der
Klimaregelung „unzufrieden" oder „sehr unzufrieden" sind, während diese Antwortmöglichkeiten für die Anzeigen nicht ausgewählt wurde. Auch ist die Klimaregelung
neben drei weiteren abgefragten fahrkomfortbestimmenden Faktoren (inklusive der

---

[71] Jeweils geschlossene, zweidimensionale Fragestellung; Wichtigkeit „Klimaregelung" n=18, Wichtigkeit ‚Anzei-
gen/Bedienelemente" n= 17; Zufriedenheit „Klimaregelung" n=19, Zufriedenheit „Anzeigen/Bedienelemente" n=19; hinsichtlich der Wichtigkeit gab es keine Antworten „unwichtig" oder „sehr unwichtig".

Anzeigen) der einzige Faktor, der mit „unzufrieden" und „sehr unzufrieden" bewertet wurde.

Hinsichtlich etwaiger Verbesserungspotentiale kann grundsätzlich beschrieben werden, dass ein wichtiger Faktor mit hoher Unzufriedenheit gegenüber einem wichtigen Faktor mit geringer Unzufriedenheit verstärkt in den Blickwinkel gerückt werden sollte. Daher ist eine genauere Untersuchung der Klimaregelung von Nöten. Das folgende Unterkapitel 4.2.3 zeigt Untersuchungsergebnisse hinsichtlich der Reichweite des e-Fahrzeugs auch mit Hinblick auf die äußeren Temperatureinflüsse.

Die folgenden Ergebnisse der zweiten Fahrererhebung lassen abschließend das Meinungsbild dominieren, dass die begrenzte Reichweite eine ganzjährig wahrgenommene Herausforderung darstellt.

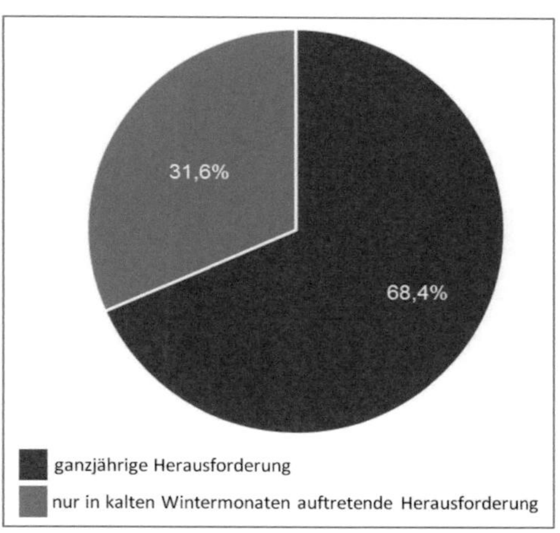

Abbildung 4-29: Begrenzte Reichweite als ganzjährige Herausforderung[72]

Ein knappes Drittel der Befragten gibt an, dass die begrenzte Reichweite ein nur in den Wintermonaten wahrgenommene Einschränkung darstellt. Losgelöst von der Klimaregelung, die im Winter durch Zuheizung mehr Energie benötigt als im Sommer zur Kühlung, wird die Einschränkung der Reichweite grundsätzlich von mehr als doppelt so vielen Fahrern als ganzjährige Herausforderung gegenüber einer Herausforderung nur im Winter angegeben.

---

[72] Geschlossene Fragestellung; n=19, die dritte Antwortmöglichkeit „weiß nicht" wurde nicht ausgewählt.

4.2.3 Fahrbetriebsevaluation

Bei dem beschafften Fahrzeug handelt es sich um einen rein batterieelektrisch betriebenen Renault Kangoo maxi Z.E. Dabei steht Z.E. für „Zero Emission" und bedeutet, dass das Elektrofahrzeug lokal emissionsfrei fährt. Maxi verweist auf die Variante mit einem üppigen Raumangebot, das fünf Personen Platz bietet und im Kofferraum die Mitnahme von größeren Einkäufen, Mobilitätshilfen u.ä. ermöglicht.

Abbildung 4-30: Renault Kangoo Maxi Z.E. als e-Bürgerauto

Aufgrund der Charakteristika des Fahrzeugs, wie Größe, Gewicht und Ladedauer entstehen jedoch Herausforderungen in puncto Reichweite. Nach neuem europäischem Fahrzyklus (NEFZ) weist das Fahrzeug eine Reichweite von theoretisch 170 km pro Vollladung der Batterie aus. Laut Herstellerangaben entspricht diese Reichweite im Durchschnitt in den Sommermonaten praktisch ca. 125 km Reichweite je Vollladung, im Winter ca. 80 km/Vollladung (Renault, 2016).

Zu Projektbeginn fiel die Auswahlentscheidung auf dieses Fabrikat, da Renault der einzige Serienhersteller von Elektrofahrzeugen dieser Fahrzeuggröße war. Darüber hinaus bietet der Anbieter weitere vertrauensbildende Maßnahmen für seine Elektrofahrzeuge an. So können bspw. Batterien ausschließlich gemietet werden, um der Sorge einer schnellen Kapazitätsreduktion entgegenzuwirken. Ein Vertrag regelt die Mindestleistung der Batterie im Zeitablauf - wird diese unterschritten leistet Renault Ersatz. Zum anderen existiert ein Händlernetz mit spezialisierten Elektromobilitätsfachkräften, die Wartungen und Reparaturen professionell bewerkstelligen. Im Falle von Boxberg befindet sich ein solcher Händler im 13 km entfernten Bad Mergentheim.

Um den Betrieb des Fahrzeugs zu testen wurden im Rahmen der wissenschaftlichen Begleitforschung alle Einsätze des Fahrzeugs dokumentiert, um verbindliche Aussagen über die Reichweite für die zu fahrenden Tagesrouten liefern zu können. Die Daten zur Durchführung dieser Analyse wurden durch den Einsatz eines im Rahmen des Projektes zweckspezifisch selbst entwickelten GPS-Loggers im Fahrzeug gesammelt und manuell durch das Drücken des Fahrers auf einen Start- und Stoppschalter auf einem Touchpad dieses Geräts erfasst.

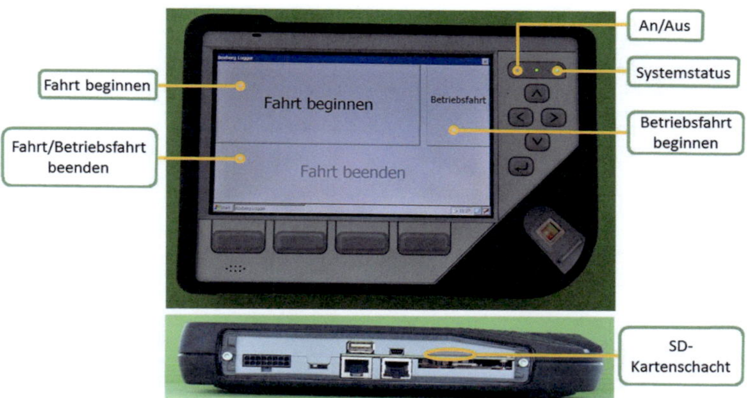

Abbildung 4-31: GPS-Logger

Eine ergänzende Methode, um Daten zu erhalten, war anhand von Fahrtenprotokollen, welche die Fahrer von einem Disponenten im Rathaus erhalten. Diese Protokolle enthalten insbesondere die Wegestrecken des Tages sowie Informationen, die nicht durch den GPS-Logger speicherbar sind: Batteriestand, Temperatur, Zeit am Anfang und am Ende der Fahrgastfahrt sowie Start- und Zielorte . Diese Daten wurden später genutzt, um die Leistung des Fahrzeugs (Reichweite unter unterschiedlichen Bedingungen, z. B. Fahren mit Klimaanlage) zu bestimmen.

Für diese Untersuchungen kamen zwei Vorgehensweisen zum Einsatz: Fahren durch Universitätsmitarbeiter und Fahren mit zufällig ausgewählten Fahrern. Um vergleichbare Datenpakete zu erhalten, wurden jeweils gleiche Routen zurückgelegt. Zusätzlich setzten sich diese Fahrten aus verschiedenen subjektiv festgelegten

Fahrstilen (z. B. offensiv/defensiv) zusammen und wurden über das Jahr verteilt durchgeführt, um Einflüsse auf die Reichweite durch Temperaturunterschiede zu erkennen. Anhand der gesammelten Daten konnten drei Aspekte festgestellt werden:

1. Der Fahrstil auf relativ flachem Gebiet kann den Verbrauch senken. Die subjektiven Fahrstile wurden anhand der durchschnittlichen Beschleunigung je Strecke mathematisch abgebildet. Demzufolge verbraucht ein defensiver Fahrstil von 24 % bis zu 37 % weniger Energie (in Abhängigkeit der Umgebungstemperatur während der Testfahrten) im Vergleich zu einem offensiven Fahrstil auf dem gleichen Streckenabschnitt bei gleicher Temperatur.

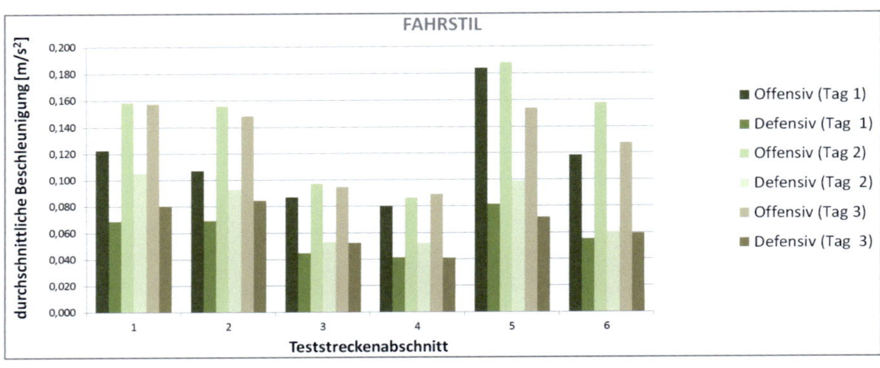

Abbildung 4-32: Fahrstile in Abhängigkeit der durchschnittlichen Beschleunigung

Wie die Abbildung 4-32 zeigt, wurden zwei verschiedene Fahrstile an verschiedenen Tagen auf unterschiedlichen Teststreckenabschnitten erfasst.[73] Die Fahrstile wurden dann mit dem Energieverbrauch für jeden Weg in Bezug auf durchschnittliche Steigungen, gefahrene Kilometer, Einsatz von Heizung oder Klimaanlage usw. verglichen.

2. Topografie sowie Klima haben erwartungsgemäß einen großen Einfluss auf den Verbrauch der Batterie (vgl. Abbildungen 4-33 bis 4-35). So wurde festgestellt, dass in den flacheren Stadtgebieten der Batterieverbrauch geringer gewesen ist als in den steileren und bei letzteren der Fahrstil nahezu keinen Einfluss auf den Verbrauch hat. Dieser Effekt tritt erst wieder an Hängen mit über 5,5 % gewichte-

---

[73] Teststreckenabschnitte im Hinblick auf verschiedene Steigungen an verschiedenen Tagen mit unterschiedlichen Außentemperaturen (kalt, mild und heiß). Fahrstile wurden anhand der durch den GPS-Logger aufgezeichneten Daten mit Hilfe der durchschnittlichen Beschleunigung ermittelt.

ter durchschnittlicher Steigung auf.[74] Bezogen auf die Temperatur wurde festgestellt, dass diese eine große Rolle bei dem Batterieverbrauch und der Ladezeit spielt:

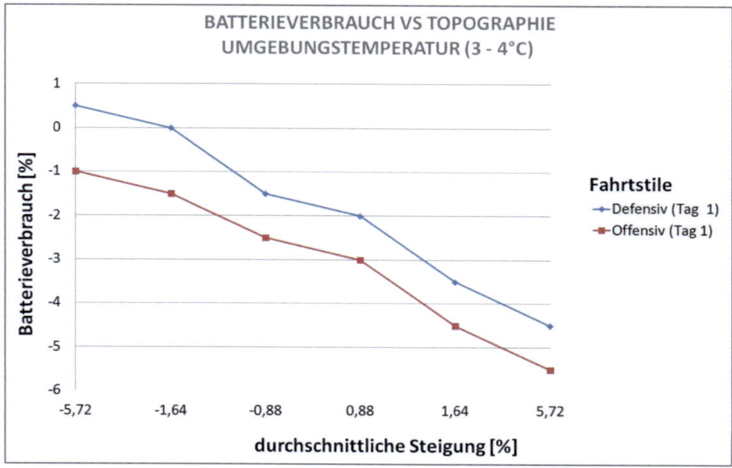

Abbildung 4-33: Batterieverbrauch in Abhängigkeit der Topografie – Szenario 1

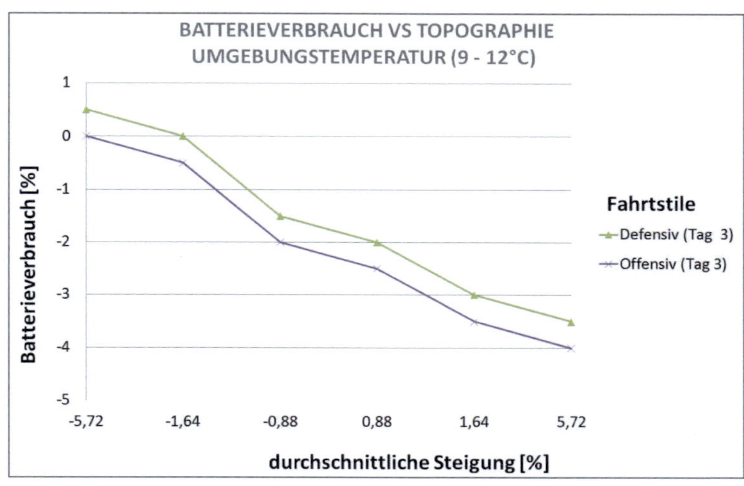

Abbildung 4-34: Batterieverbrauch in Abhängigkeit der Topografie – Szenario 2

---

[74] Die gewichtete durchschnittliche Steigung wurde anhand der Steigungen der ausgewerteten Teststreckenabschnitte berechnet.

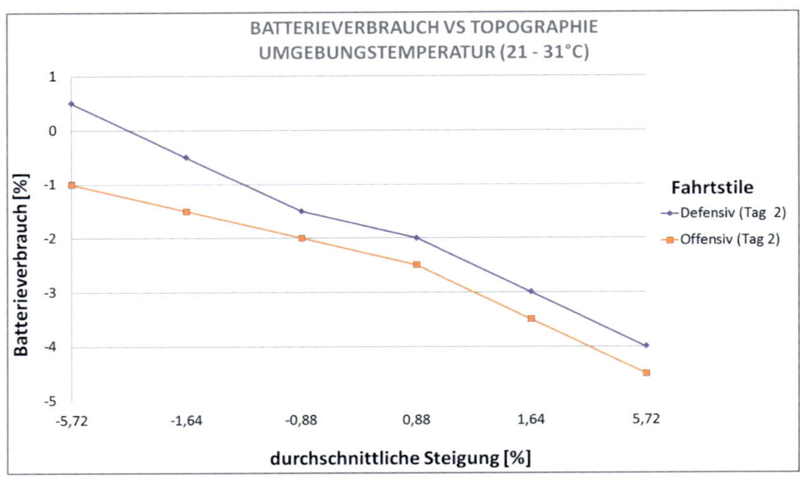

Abbildung 4-35: Batterieverbrauch in Abhängigkeit der Topografie – Szenario 3

Die obigen drei Abbildungen zeigen den Einfluss, den der Fahrstil und die Steigungen auf die benötigte Energie in drei unterschiedlichen Temperaturbereichen haben. Wie zu sehen ist, verbraucht offensives Fahren grundsätzlich signifikant mehr Energie als defensives Fahren, gelegentlich sogar doppelt so viel (vgl. Werte des Batterieverbrauchs der Szenarien 1 und 3 für die gewichteten durchschnittlichen Steigungen im Bereich -5,72 % bis -1,64 %).

Außerdem lässt sich erkennen, dass die Unterschiede im Batterieverbrauch bei stärkeren Steigungen geringer werden.

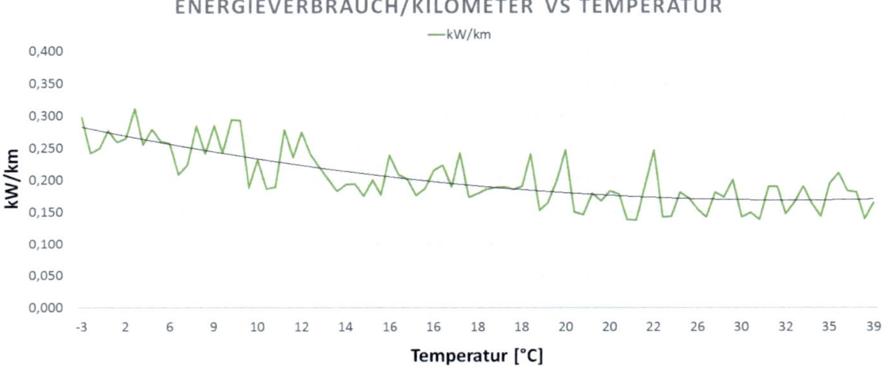

Abbildung 4-36: Batterieverbrauch in Abhängigkeit der Temperatur

3. Der Standort und die Art der Ladeinfrastruktur haben einen großen Einfluss auf das Elektromobilitätskonzept. Zuerst muss eine mit dem Fahrzeug kompatible Ladestation eingerichtet werden. Der beste Standort hierfür ist (abgesehen vom Abstellort des Fahrzeugs) dort, wo die meisten Fahrtziele liegen und die Fahrer am längsten auf einen Fahrgast warten (wenn dies der Fall ist). Im Allgemeinen sind dies Supermärkte, an denen mindestens eine halbe Stunde auf den Fahrgast gewartet wird und diese Zeit zum Laden genutzt werden könnte. Ferner ist die Wahl einer Schnellladestation wichtig, sodass das Auto im Optimalfall innerhalb einer halben Stunde vollgeladen werden kann. Tatsächlich würde dies einen Fahrdienst ohne Unterbrechung ermöglichen unter Berücksichtigung von zwei über den Tag verteilten 30-minütigen Ladeperioden. Auf diese Weise könnte auf einen derzeit noch notwendigen zweistündigen Ladevorgang in der Tagesmitte verzichtet werden.

Es ist wichtig zur Verbesserung des Mobilitätskonzepts die Meinung der Fahrer z. B. anhand der Fragebögen zu berücksichtigen. Zum einen fahren sie ehrenamtlich, dadurch bleibt das System wirtschaftlich. Zum anderen ist ihre Wahrnehmung vom e-Fahrzeug, die ihre Einstellung beeinflusst, besonders wichtig für einen effizienten Betrieb. In der Fahrerbefragung kamen einige Bedenken in Bezug auf das Fahrzeug auf. Diese Anliegen lassen sich in etwa so zusammenfassen: Das eingesetzte Fahrzeug ist elektrisch und damit eine noch unbekannte Technologie mit Vor- und Nachteilen. In der ersten Fahrerbefragung wurde die Frage nach der Präzision der Anzeige des Batteriestands sowie nach der Präzision der Anzeige bei der prognostizierten Reichweite gestellt. Bei beiden bestätigte sich das Stimmungsbild zu Gunsten einer präzisen Anzeige. Das Ergebnis zeigte, dass 60 % der Fahrer der Meinung sind, dass die Anzeige genau genug anzeigt. Da der Wagen mit einer analogen Anzeige ausgestattet ist, hat sich herausgestellt, dass diese zumindest beim Testen nicht genau genug anzeigt. Der Batteriestatus wird ohne Zwischenschritte angezeigt (vgl. Abbildung 4-37). Dadurch ist es sogar unter kontrollierten Bedingungen (bspw. im Ruhezustand des Fahrzeugs) schwierig, die Position des Anzeigers zu erkennen (insbesondere da es nur drei Beschriftungen gibt, 0, ½ und 1; andere Abstände müssen abgeschätzt werden). Zudem wurde festgestellt, dass bei einer Testfahrt im laufenden Betrieb der Fahrer oftmals nicht wirklich die Zeit hatte, um die Anzeige genau zu erkennen. Die Fahrer sind schlicht mit dem Fahren beschäftigt.

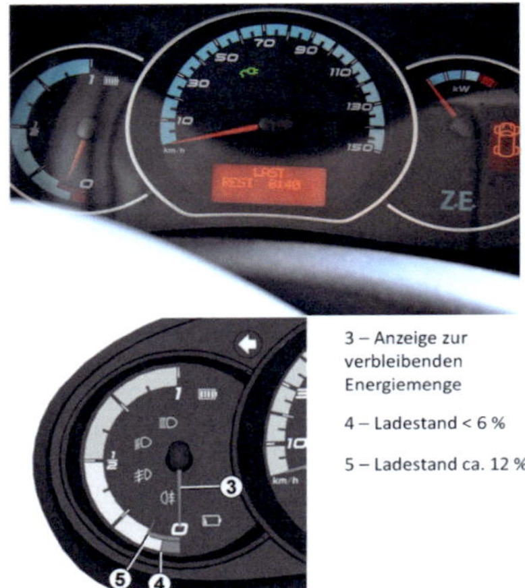

Abbildung 4-37: Fahrzeug-Cockpit und Ladestandanzeige[75]

Eine weitere Ungenauigkeit tritt dadurch hinzu, dass die analoge Anzeige häufig nicht den aktuellen Fahrzustand zutreffend repräsentiert hat, z. B. unmittelbar nach einer offensiven Fahrweise oder einer Fahrt an einer steilen Steigung; tlw. veränderte sich der Zeiger nicht. Nachdem im Anschluss auf ebener Straße eine Weile defensiv gefahren wurde, fiel der Zeiger dann allerdings stark.

Die Reichweite in km wird digital angezeigt, repräsentiert aber auch nicht hinreichend verlässlich die tatsächlichen noch verbleibenden Fahrkilometer. Das kann daran liegen, dass die Prognose nicht die Eigenschaften der noch zu fahrenden Strecke, die Temperaturunterschiede sowie Unterschiede des Fahrstils in Betracht zieht. Abbildungen 4-38 und 4-39 zeigen die Unterschiede zwischen der prognostizierten Reichweite und der tatsächlichen Entfernung für das jeweilige Segment zweier Kontrollfahrten.

---

[75] Eigene Darstellung in Anlehnung an (Renault, 2016).

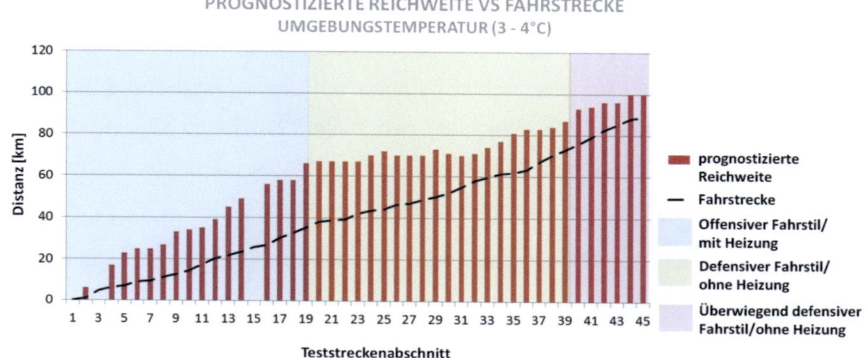

Abbildung 4-38: Prognostizierte Reichweite in Abhängigkeit des Fahrstils – Szenario 1

Wie die Abbildung zeigt, waren die gefahrenen Kilometer immer niedriger als die der prognostizierten Restreichweite (tlw. bis zu 30 km niedriger) – die prognostizierte Reichweite war tlw. um 45 % höher. Für die gesamte Strecke war die prognostizierte Reichweite ca. 11 km (12 %) höher als die Strecke, die tatsächlich zurückgelegt wurde.

Bei einer weiteren Testfahrt an einem heißen Tag war die prognostizierte Reichweite ebenfalls abweichend von der tatsächlich gefahrenen Strecke. Nur gegen Ende des Tages hat sie mit den tatsächlich gefahrenen Kilometern ungefähr übereingestimmt. Zu diesem Zeitpunkt waren der Streckenabschnitt und der Fahrstil gleichmäßiger und die Klimaanlage wurde nicht eingeschaltet. Außerdem war die Außentemperatur deutlich höher als zu Beginn der Testfahrt.

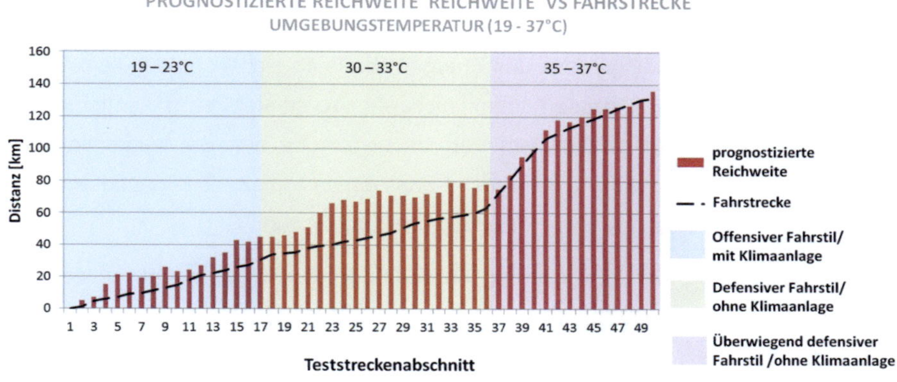

Abbildung 4-39: Prognostizierte Reichweite in Abhängigkeit des Fahrstils – Szenario 2

Daraus zeigt sich, dass die prognostizierte Reichweite, insbesondere für Elektromobilität im öffentlichen Verkehr, kein verlässliches Kriterium für tatsächlich noch fahrbare Kilometer darstellt. Verlässt sich der Fahrer auf diese Angabe und lädt bspw. das Fahrzeug nicht über Mittag oder nutzt den Wagen kurzfristig für eine nicht geplante Fahrt kann es passieren, dass die Batterie entladen ist, bevor alle Fahrwünsche der Fahrgäste an diesem Tag erfüllt sind.

Anhand der Auswertung der Testfahrten kann gesagt werden, dass eine genaue Anzeige des Batteriestatus mit der analogen Anzeige nicht möglich ist. Die Gründe dafür sind:

- Die Anzeige ist in größere Abschnitte eingeteilt, die bis auf 0, ½ und 1 nicht beschriftet sind.
- Einige Werte in der Mitte sind aufgrund des Handbuches bekannt (vgl. Abbildung 4-37: 6 % und 12 %), andere Werte müssen geschätzt werden und sind in einer für die Fahrer gefertigten Abbildung angemerkt.
- Die Anzeige ist hinter dem Lenkrad und Spiegelungen können das Ablesen erschweren.
- Die Fahrer beschäftigen sich mehr damit zu fahren, als präzise festzustellen, wie der Batteriestatus ist.

Unabhängig von der Anzeigeart erschwert die hohe Schwankungsbreite des Energiebedarfs eine präzisere Prognose. Aufgrund dieser Beobachtungen ist es nicht möglich, den Batteriestand hinreichend genau zu bestimmen. Anhand der von Fahrern angefertigten Fahrtenprotokolle zeigt sich ein sehr unterschiedlicher Verbrauch der Batterieleistung bezüglich gefahrener Kilometer und dem Gelände der gewählten Strecken. Die Schwankungsbreite des Energiebedarfs an sich ist jedoch kein Spezifikum des Elektroantriebs, sondern tritt (in nicht ganz so starker Form) durchaus auch bei Fahrzeugen mit konventionellem Verbrennungsmotor auf. Bei konventionellen Fahrzeugen wird dies durch entsprechend groß dimensionierte Tanks und ein sehr dichtes Tankstellennetz (mit kurzen Tankzeiten) kompensiert.

Ein weiterer Aspekt, der sich aus den Fahrerfragebogen ergeben hat, ist die Einschätzung, dass die Nutzung von Heizung und Klimaanlage den Verbrauch der Batterie stark beeinflusst. Um die Beziehung zwischen Heizung und Klimaanlage und den Verbrauch der Batterie zu verdeutlichen, wurden zwei Testfahrten unter den gleichen Bedingungen (gleiche Entfernung, Temperatur und Fahrstil) analysiert (vgl. Abbildungen 4-40 und 4-41).

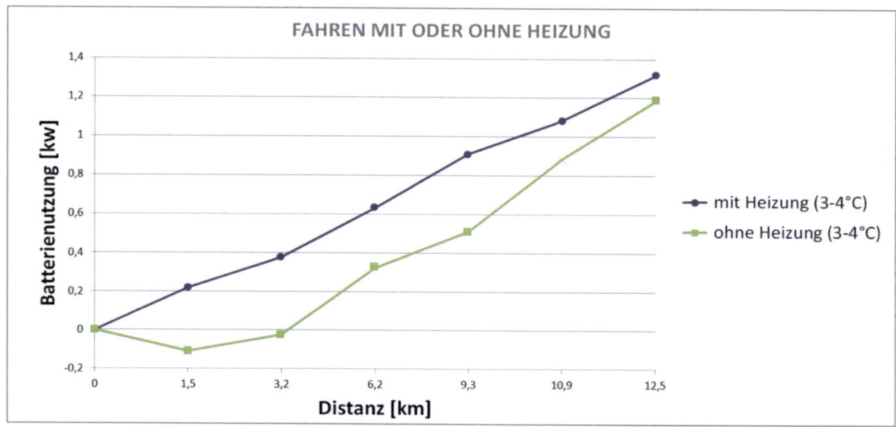

Abbildung 4-40: Batterieverbrauch bei Nutzung der Heizung

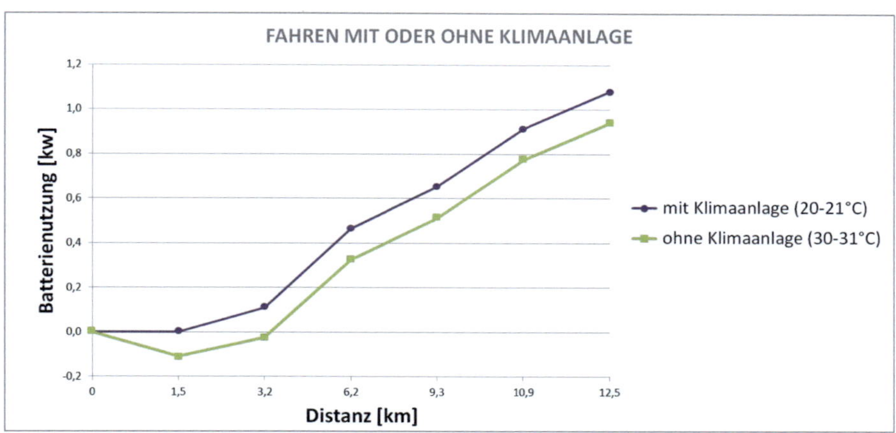

Abbildung 4-41: Batterieverbrauch bei Nutzung der Klimaanlage

Die Abbildungen 4-40 und 4-41 zeigen, dass das Fahren mit Heizung und Klimaanlage einen höheren Verbrauch der Batterie zur Folge hat. Durch Nutzung der Heizung wurde 11 % mehr an Batterieleistung verbraucht als ohne. Das Einschalten der Klimaanlage kostete zusätzlich 15 % der Batterieleistung. Die Ergebnisse weichen jedoch von Berichten in der Literatur ab – im Durchschnitt verbraucht eine Heizung deutlich mehr Energie als eine Klimaanlage (Begleit- und Wirkungsforschung Schaufenster Elektromobilität, 2015).[76] Daher besteht in dieser Richtung noch Forschungsbedarf, insbesondere für e-Bürgerautos, die auf eine verbindliche Disposition der Tagesrouten angewiesen sind.

Weiterhin wurden folgende Punkte im Fahrerfragebogen angemerkt: Verbesserungen der Batteriekapazität, die mögliche Reichweite und die Ladegeschwindigkeit der Batterie (vgl. Kapitel 4.2.2). Am häufigsten genannt wurde mit 34 % die Batterie, da die Auffassung bei den Fahrern vorherrscht, dass die Kapazität verbessert werden muss, um die täglichen Fahrten ausführen zu können - unabhängig von den Außentemperaturen. Diese Auffassung hängt mit der allgemeinen Vorstellung zusammen, dass die Kapazität von batterieelektrischen Autos verbessert werden muss, damit diese für Kunden attraktiver werden.

Doch durch die Analyse des Betriebs des e-Bürgerautos der letzten zwei Jahre scheint es, dass die Batteriekapazität für Boxberg grundsätzlich ausreicht, um die täglichen Fahrten mit der aktuell vorherrschenden Nachfrage zu gewährleisten. Die durchschnittlich gefahrenen Kilometer pro Tag in Boxberg liegen zwischen 71 und 72 km für beide Betrachtungszeiträume, die maximal gefahrenen Kilometer pro Tag in den zwei Berichtszeiträumen liegen bei 141 km im September 2015 (vgl. Kapitel 4.1).

Um festzustellen, ob die Batteriekapazität ausreicht, um die täglichen Fahrten absolvieren zu können, wurden die maximalen Gesamtstrecken pro Tag eines Monats identifiziert und hinsichtlich der jeweiligen notierten durchschnittlichen Außentemperatur abgeglichen. Diese Werte werden im Folgenden, vergleichend zu den Tagesrouten an denen Reichweitenprobleme auftraten, graphisch dargestellt (vgl. Abbildung 4-42). Wie zu sehen ist, hat nur in vier Fällen die Batteriekapazität nicht ausgereicht. Nur einmal im Januar 2015 trat der Fall auf, dass die Fahrt mit den meisten Kilometern auch die Fahrt mit nicht ausreichender Batterie war.

---

[76] Die Heizung wird zum überproportional starken Verbraucher, weil keine Motorabwärme zur Erwärmung des Innenraumes zur Verfügung steht und die Heizenergie von der Batterie bereitgestellt werden muss. Werden diese Verbraucher im Fahrzeug verstärkt genutzt, hat dies einen erheblichen Einfluss auf die Absenkung des Batterieladestands bzw. der verbleibenden prognostizierten Reichweite. Rekuperative technische Lösungen können diese Einschränkung in Abhängigkeit von der Topografie und der durch Bremsvorgänge zurückgewinnbaren Energie mildern. Ergänzend sei erwähnt, dass der absolute Energieverbrauch durch die Nutzung der Klimaanlage 1,1 kW, der absolute Energieverbrauch durch die Nutzung der Heizung 1,3 kW betrug.

Um die Ursachen für die Batterieentleerung zu finden, wurden die Fahrtenprotokolle untersucht. Anhand derer wurde ersichtlich, dass das Fahrzeug entweder nicht lange genug geladen wurde oder das Fahrzeug nicht genutzt wurde, aus Angst, dass die Batteriekapazität nicht ausreichen würde. Der zweite Punkt hat den Fahrern viel Stress bereitet und zu einer gewissen Unsicherheit und Unzufriedenheit geführt.

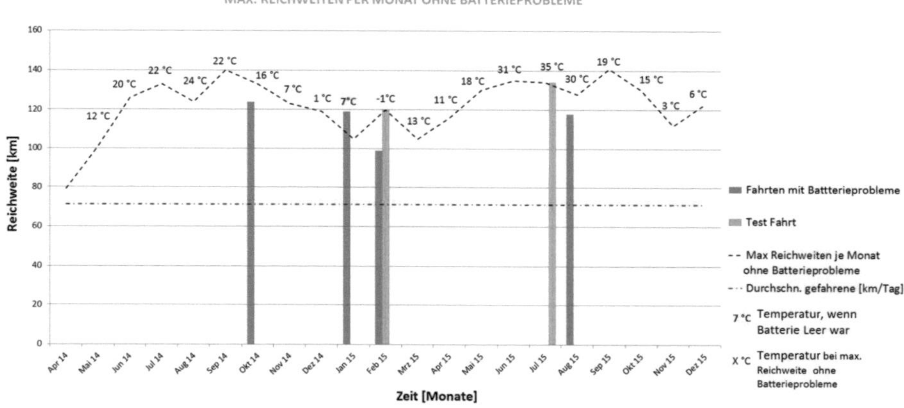

Abbildung 4-42: Wahrgenommene Reichweitenprobleme für ausgewählte Fahrten

Um die Schlussfolgerungen weiter zu festigen, wurden alle Fahrten über 90 km auf Batterieprobleme analysiert. Testfahrten waren mitinbegriffen, da in einigen Monaten diese die Höchstzahl an gefahrenen Kilometern ausmachten. 104 Fahrten mit mehr als 90 km wurden gezählt. Von diesen Fahrten hatten nur vier, wie oben zu sehen ist, gemeldete Batterieprobleme. Das betrifft nur 3,8 % aller Fahrten in Boxberg für 2014 und 2015. Diese zwei Analysen zeigen, dass in Boxberg kein signifikantes Problem im Hinblick auf Batteriekapazität bei der Nachfrage im Untersuchungszeitraum besteht.

Für 26,9 % der Fahrer bestand die Sorge um die Reichweite des Fahrzeugs. Diese ist stark an die Batteriekapazität gekoppelt. Auch wenn ein Elektro-Fahrzeug mit einer Reichweite eines Fahrzeugs mit Verbrennungsmotor mehr Möglichkeiten eröffnen würde, besteht bei der untersuchten Nachfrage und Disposition keine Notwendigkeit nach mehr Leistung. Momentan besteht in Boxberg Bedarf für 71,2 km pro Tag im Durchschnitt. Unter den Betriebsbedingungen (u.a. Laden des Fahrzeugs am Mittag) ist die Reichweite, die das Fahrzeug fahren kann (141 km an einem Tag, s.o.), ausreichend. Wenn natürlich die Nachfrage stark ansteigt, kann das Fahrzeug schnell sein Limit erreichen. Dieser Punkt führt zur letzten erwähnten Besorgnis der Fahrer, der Ladezeit.

Wie in Kapitel 3 erwähnt, hängt die Ladezeit sowohl für das Fahrzeug als auch für die Ladestation von der verfügbaren kompatiblen Technologie ab. Bei den Kontrollfahrten, in den technischen Spezifikationen des Autos und aus anderen Daten der Fahrtenprotokolle wurde festgestellt, dass das Fahrzeug ungefähr 3,7 kW pro Stunde lädt. Für seine vorgesehene Aufgabe (öffentlicher Personenverkehr) ist dies langsam, hat sich jedoch als für die aktuelle Nachfrage als ausreichend erwiesen, wenn die Fahrer zu den vorgesehenen Zeiten laden (d.h. nachts und mindestens zwei Stunden zwischen 12 und 14 Uhr). Dennoch ist die Verkürzung der Ladezeit eine wichtige Voraussetzung, um einen deutlich steigende Nachfrage bewältigen zu können. Auch spontanes Laden hat sich, soweit möglich, als erfolgreiche Strategie erwiesen, um die Unterschiede an einem Tag mit hoher Nachfrage, extremen Wetterverhältnisse und offensivem Fahrstil zu kompensieren. Ein offensiver Fahrstil stellt jedoch eine größere Herausforderung dar. Abbildung 4-43 zeigt den Unterschied in Kilometern an Tagen, an denen spontan geladen wurde. Die Testfahrt im Februar war die Fahrt mit den am meisten gefahrenen Kilometern an einem kalten Tag (-1°C). Diese Kilometerleistung wurde ohne Probleme erreicht, da der Fahrer defensiv gefahren ist und spontan zweimal nach der Mittagspause geladen hat.

Wie bereits erwähnt, wird in Boxberg die Batterie an einer Wandladestation mit 3,7 kWh geladen. Dies entspricht bei einer im Fahrzeug verbauten Batterie mit 22 kWh Leistung theoretisch sechs Ladestunden, die Dauer hängt aber auch von verschiedenen Faktoren ab (z. B. Zelltemperatur, Ladeverlusten). Beobachtungen an Testtagen haben bestätigt, dass die Ladekapazität im Durchschnitt 3,67 kWh beträgt. Das bedeutet, dass bei einer Ladepause von ein bis zwei Stunden unter optimalen Bedingungen eine Batterieaufladung von 3,25 bzw. 7,25 kWh oder ca.16 bzw. 33 % der Batteriekapazität vorgenommen werden kann.

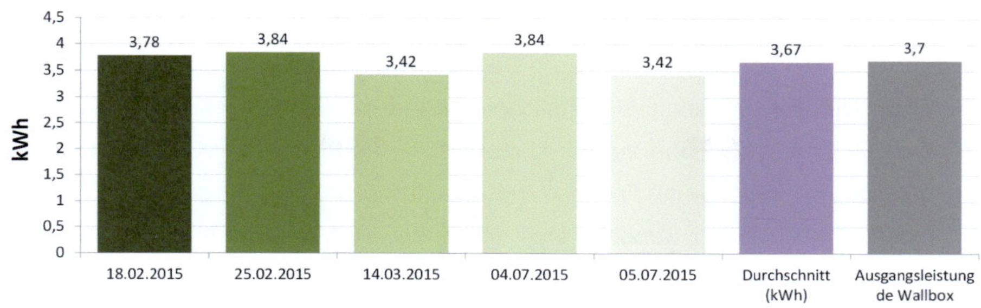

Abbildung 4-43: Ladeleistung an ausgewählten Testtagen

Gegen Ende des Projekts hat eine in regelmäßigen Abständen herstellerseitig durch-zuführende Wartungsuntersuchung gezeigt, dass die Batterie während der Projekt-laufzeit nicht an Kapazität eingebüßt hat (Renault, 2016). Laut Fachwerkstatt ist es am effizientesten, die Batterie nahezu leer zu fahren, bevor sie erneut geladen wird. Der gute Zustand der Batterie und die wenigen Male, die die Batterie im Einsatz leergefahren wurde, sind wichtige Indikatoren dafür, dass die verfolgte Ladestrategie grundsätzlich effizient ist. Allerdings ist die in Boxberg realisierte Ladestrategie nicht unbedingt für andere öffentliche Verkehrssysteme adaptierbar, da diese je nach Nachfrage mehr und/oder längere Fahrten aufweisen können.

Um einen anpassungsfähigen und nachhaltigen Fahrdienst einzurichten, ist es not-wendig, ein Modell zu entwickeln, mit dem die Mobilitätsbedürfnisse der Einwohner des Untersuchungsraums abgebildet werden können. Zu den wichtigsten Infrastruk-turelementen gehören:

1. Das Straßennetz auf dem die Fahrzeuge unterwegs sind. Diese Infrastruktur exis-tiert bereits und dient als Voraussetzung, um ein e-Bürgerauto betreiben zu kön-nen. Das bereits existierende Straßennetz wurde nicht für ein flexibles Transport-system geplant: daher ist es wichtig zu erkennen, dass in ländlichen Gegenden die Stadtteile mit einer begrenzten Anzahl von Straßen miteinander verbunden sind. Selbst wenn es keine vorgeschriebenen Strecken gibt, haben die sich wie-derholenden Wege eine Ähnlichkeit zu einem ÖPNV System. Dennoch, da es auch hier wahrscheinlich oftmals alternative Wege vom Ausgangspunkt zum Fahrtziel gibt, besteht die Möglichkeit zur Fahrtenoptimierung. Zum Beispiel zeigt die folgende Abbildung eine Fahrt mit dem gleichen Ausgangspunkt und Fahrt-ziel, aber auf zwei verschiedenen Wegen. Eine Variante ist eine Abkürzung mit

niedrigerer Geschwindigkeit und starken Neigungen; die andere Variante ist länger aber flacher und erlaubt höhere Geschwindigkeiten. Das e-Fahrzeug wurde in einem defensiven Fahrstil bei ähnlichen Wetterbedingungen gefahren. Wie zu erkennen ist, hat die Fahrt auf der kürzeren Strecke mehr Energie verbraucht und aufgrund der niedrigeren Durchschnittsgeschwindigkeit länger gedauert (vgl. Abbildung 4-44). Wenn Strecken nicht festgelegt sind, können diese anhand von Navigationssystemen optimiert werden, um so einen effizienteren Betrieb zu ermöglichen.

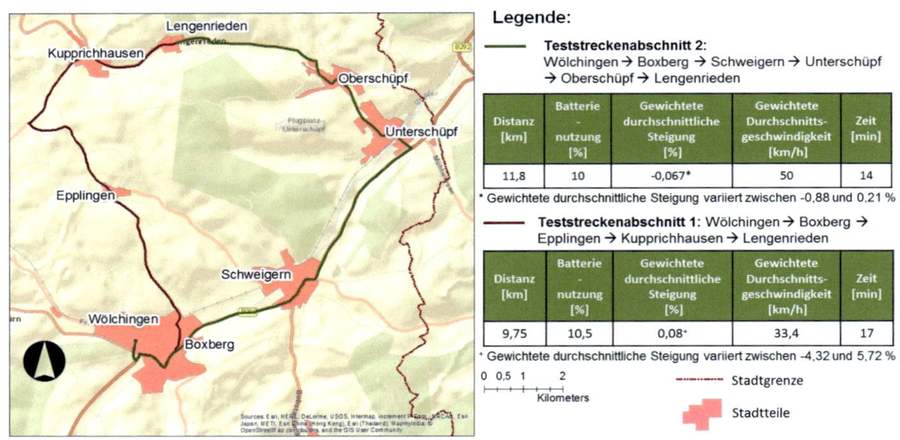

Legende:

Teststreckenabschnitt 2:
Wölchingen → Boxberg → Schweigern → Unterschüpf → Oberschüpf → Lengenrieden

Distanz [km]	Batterie - nutzung [%]	Gewichtete durchschnittliche Steigung [%]	Gewichtete Durchschnitts- geschwindigkeit [km/h]	Zeit [min]
11,8	10	-0,067*	50	14

* Gewichtete durchschnittliche Steigung variiert zwischen -0,88 und 0,21 %

Teststreckenabschnitt 1: Wölchingen → Boxberg → Epplingen → Kupprichhausen → Lengenrieden

Distanz [km]	Batterie - nutzung [%]	Gewichtete durchschnittliche Steigung [%]	Gewichtete Durchschnitts- geschwindigkeit [km/h]	Zeit [min]
9,75	10,5	0,08+	33,4	17

+ Gewichtete durchschnittliche Steigung variiert zwischen -4,32 und 5,72 %

Stadtgrenze

Stadtteile

Abbildung 4-44: Fahrstreckenvergleich auf zwei Teststreckenabschnitten

2. Ein Depot bzw. eine Zentrale. Wie bei jedem Transportsystem sollte es einen Ort geben, an dem das Fahrzeug während der Betriebsruhe abgestellt werden kann (bspw. Betriebshof). Durch den ehrenamtlichen Charakter des Systems, ist der Verein u.U. bzgl. der Abstellmöglichkeiten eingeschränkt. Dennoch muss es aus zwei Gründen einen festen Stellplatz geben. Erstens muss der gewählte Ort zentral liegen, damit die Fahrer keinen weiten Weg zu oder von dem Fahrzeug haben. Zweitens bestimmt der Ort auch den Standort der Ladestation. In Boxberg wurden Wölchingen und Schweigern Abstellorte gewählt, die zwei Vorteile haben. Zum einen sind sie leicht zu erreichen; zum anderen gehören sie zu den Stadtteilen mit dem höchsten Angebot an Einrichtungen des täglichen Bedarfs in denen auch die meisten Fahrten zum Betriebsschluss enden und Fahrer es so nicht

mehr weit zum Abstellort haben, wenn sich die Batteriekapazität bereits zu Ende geht.

Eine Zentrale wird benötigt, um einen Ort zu schaffen, an dem Besprechungen abgehalten, die Fahrtenaufteilung oder andere Themen diskutiert werden können. Des Weiteren ist ein Gebäude wichtig, um das Fahrzeug sicher abstellen und Reinigungs- sowie Wartungsarbeiten vornehmen zu können. Überdies können in einer mit einem Computer ausgestatteten Zentrale auch die Fahrpläne gedruckt und den Fahrern übergeben werden. Alternativ kann die Fahrtenplanung auch ausgelagert werden, wie es in Boxberg der Fall ist. Hier übernimmt ein Mitarbeiter im Rathaus auf Initiative des Bürgermeisters die Aufgabe, wodurch die finanzielle Tragfähigkeit sowie der angebotene Service optimiert werden kann.

3. Eine oder mehrere Ladestationen. Im Bereich der Elektromobilität sind Ladestationen ein essentieller Bestandteil der Infrastruktur. Dementsprechend müssen sie so passend zur Betriebsdurchführung wie möglich installiert werden. Jedoch sind sie derzeit oftmals nur an vereinzelten Orten verfügbar, wodurch es zu Einschränkungen in der Fahrtenanzahl und hierdurch auch in der Angebotsqualität kommt. Genau deshalb ist es notwendig, die geeigneten Ladestationsstandorte sorgfältig in der vorangehenden Planungsphase auszuwählen, um so die Nutzung der Batterie zu optimieren. Hieran anknüpfend ist es von großer Bedeutung zu wissen, dass einer steigenden Nachfrage beim Erreichen der maximalen Batterieausnutzung insbesondere durch die Anschaffung zusätzlicher Fahrzeuge oder weiterer Ladestationen entgegengewirkt werden kann. Eine im hier beschriebenen Projekt durchgeführte Machbarkeitsstudie hat gezeigt, dass diesbezüglich die Installation einer zusätzlichen Ladestation an einem geeigneten Ort der Anschaffung eines weiteren Fahrzeugs vorzuziehen ist, da nicht bekannt ist, wie sich die Fahrtennachfrage auf lange Sicht entwickeln wird und auch in Zeiten schwacher Nachfrage die weitere Station dem Fahrzeug in der Reichweitenoptimierung hilft. Darüber hinaus wird durch zusätzliche Ladestationen der erhöhte Bedarf an Fahrpersonal beim alternativen Einsatz mehrerer Fahrzeuge minimiert. Dagegen ergeben sich beim Einsatz mehrerer Fahrzeuge Redundanzen, so dass der Fahrdienst bei Ausfall eines Fahrzeugs nicht der gesamte Fahrdienst zum Erliegen kommt.

Während des Betriebsablaufs hat sich gezeigt, dass einige Punkte häufig wiederkehrende Fahrtziele sind. Dort warten die Fahrer zwischen ca. 30 und 45 Minuten auf ihre Fahrgäste, sodass diese Zeit eine gute Möglichkeit zum Laden der Batterie darstellt. So kann eine vollständige Entladung der Batterie präventiv verhindert oder sogar eine Ausweitung des Fahrdienstes in Form von zusätzlichen Fahrten ermöglicht werden. Jene wiederkehrenden Fahrtziele sind die Supermärkte oder Arztpraxen, die entlang der Hauptstraßen liegen, sodass eine Installation weiterer Ladestationen dort sinnvoll wäre. Wichtig hierbei zu beachten ist, dass eine neue Station nur einen Bruchteil der aktuellen Zeit zum Vollladen der Batterie benötigen sollte (100 % laut Bedienungsanleitung in 6 bis 9 Stunden, ca. 33 % dem Fahrtenbuch zufolge in der zweistündigen Ladepause). Auf diese Weise wäre es nicht nur möglich, zusätzliche Fahrten anzubieten, sondern auch spontan neue Fahrtwünsche entgegenzunehmen (mit Ausnahme von am Tag zuvor festgelegten Ladezeiträumen).

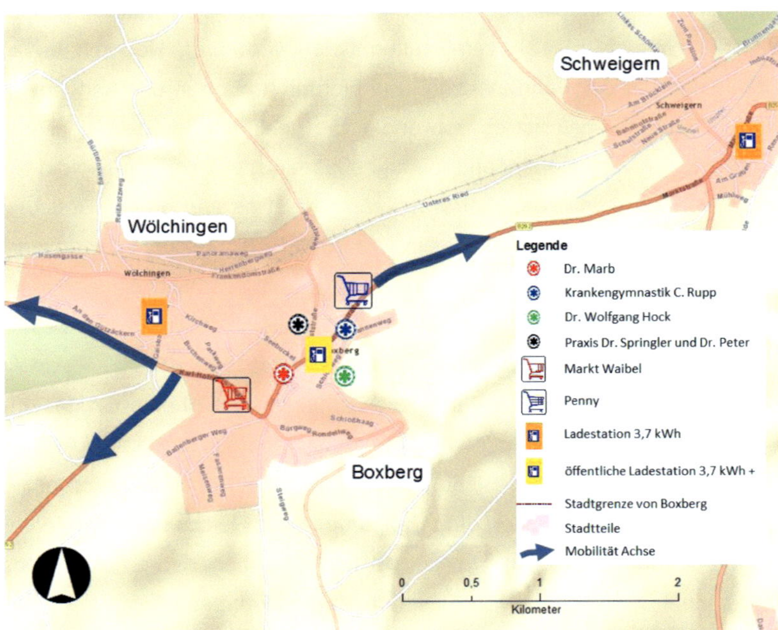

Abbildung 4-45: Standort einer neuen Ladeinfrastruktur in der Nähe der häufigsten Fahrziele

Im Falle weiterer Ladestationen im Umfeld von Supermärkten oder häufig besuchten Arztpraxen, könnten diese auch für private Nutzer zugänglich gemacht werden, um so zusätzliche Einnahmen zu generieren. Dann muss die Verfügbarkeit für die Öffentlichkeit mit den teils kurzfristigen Bedürfnissen des e-Fahrdienstes abgestimmt werden.

4.2.4 Eine solide Basis schaffen

Bereits mit Beantragung des hier beschriebenen Projekts war das Ziel formuliert, dass das e-Bürgerauto eine unbefristete Einrichtung werden soll, die sowohl über die Projektlaufzeit als auch über die Fahrzeugnutzungsdauer hinaus bestehen bleiben soll. Neben Überlegungen zur Fahrzeugfinanzierung und der Deckung der Kosten des laufenden Betriebs (vgl. Kapitel 3.5) wurden daher Workshops mit dem Vorstand des Vereins und interessierten Fahrern durchgeführt, um in einer lockeren Atmosphäre kreative Ansätze zu sammeln, wie eine solche Verstetigung gelingen kann. Konkret wurde diese Fragestellung unter Nutzung einer wissenschaftlich fundierten Kreativitätstechnik erarbeitet, welche Maßnahmen zur Erreichung des beschriebenen Ziels einer Verstetigung getroffen werden sollen.[77]

Abbildung 4-46: Auszug der Präsentation zu den Ergebnissen des Workshops unter Darlegung der Vorgehensweise

---

[77] Bei dieser Methode handelt es sich um Quality Function Deployment (QFD), eine Technik zur kundenorientierten Produkt- und Dienstleistungsgestaltung. In der Entwicklung werden ausschließlich diejenigen Anforderungen umgesetzt werden, die den größten Einfluss auf die Kundenzufriedenheit haben, vgl. (Herzwurm, et al., 1997). Hier erfolgte eine Anpassung der Methode zur Erhebung von Zielen und Maßnahmen zur Zielerreichung für die Verstetigung des Mobilitätskonzepts.

Besonders zu betonen ist bei dieser Vorgehensweise, dass im Konsens in der Gruppe ein priorisiertes Maßnahmenbündel identifiziert wird, welches die Maßnahmen priorisiert, die den größten Einfluss auf die Zielerreichung haben. So können gezielt die Maßnahmen ergriffen werden, die laut der Workshop-teilnehmer den größtmöglichen positiven Einfluss haben.

Ein exemplarisches Ergebnis war, dass Multiplikatoren im Ort (z. B. Ortsvorsteher) eine besondere Bedeutung für das Bekanntwerden des e-Bürgerautos haben und somit zu einer Erhöhung der Fahrgastzahlen und der Einnahmengenerierung aus den Fahrgeldeinnahmen beitragen können. Grundsätzlich bestätigt werden konnte auch die Annahme, dass die persönliche Ansprache von potentiellen Fahrgästen, aber auch Förderern jeglicher Art (z. B. für kostenpflichtige Werbung am Fahrzeug) am erfolgversprechendsten sind und eine stärkere Bindung erzeugen, als bspw. ein unpersönlicherer Kundenkontakt über Flyer.[78] In dem Zuge wurde auch die Präsentation des e-Fahrzeugs sowie des Mobilitätsvereins auf Festen bzw. Veranstaltungen im Ort durch die Mitglieder des Vereins als Maßnahme hoch priorisiert.

Weitere Maßnahmen waren bspw. „Hinweise/Verlinkungen auf WvB[79] von den Homepages anderer Vereine" oder „Mitgliedsantrag im Amtsblatt veröffentlichen", die aber durch die Workshopteilnehmer nicht mit einer hohen Umsetzungspriorität versehen wurden.

Als einmalig hat sich eine Maßnahme zur Öffentlichkeitsarbeit des Vereins im Zuge eines Wettbewerbs erwiesen: das Ehrenamt ist gerade in Baden-Württemberg ein wesentlicher Pfeiler des öffentlichen Lebens und der Gemeinschaft. Jeder zweite Bürger engagiert sich statistisch ehrenamtlich in einem Verein oder einer gemeinnützigen Organisation (Sozialministerium BW, 2015). Dementsprechend honorieren die Landesregierung, aber auch Unternehmen und Stiftungen das Ehrenamt der Mitmenschen in Baden-Württemberg. Ein herausragender Wettbewerb stellt hier der Landeswettbewerb „ECHT GUT!" dar, bei dem es in den Jahren 2013 und 2014 im Schnitt knapp 1.000 Bewerbungen gab. Je fünf Projekte oder Vereine wurden 2014 für sieben Kategorien zur Nominierung durch eine Jury vorgeschlagen und Bürger

---

[78] Vgl. Kapitel 4.2.1

[79] Wir verbinden Boxberg e.V.: Name des während der Projektlaufzeit gegründeten Mobilitätsvereins.

waren aufgerufen, im Internet für Ihren Favoriten zu stimmen. Der Mobilitätsverein „Wir verbinden Boxberg e.V." hat es geschafft, bei dem ausgelobten Wettbewerb als ein Projekt in der Kategorie „Mensch und Umwelt" nominiert zu werden.

Abbildung 4-47: Logo des Ehrenamtswettbewerb „ECHT GUT!"[80]

Dieser Wettbewerb sticht durch attraktive Preisgelder hervor, und der Mobilitätsverein konnte durch einen professionellen Auftritt bei einem durch die Initiatoren des Wettbewerbs organisiertem Stimmabgabeverfahren im Internet die meisten Stimmen in der nominierten Kategorie für sich verbuchen, sodass das Preisgeld als Rücklage für den Verein dient und bereits frühzeitig zur Schaffung einer soliden finanziellen Basis beigetragen hat.

Abschließend sei ausdrücklich darauf hingewiesen, dass die Stadtverwaltung den Nutzen des Projekts sieht und es deshalb bestmöglich unterstützt (z. B. dispositiv und finanziell). Dies ist nicht nur für den e-Fahrdienst von elementarer Bedeutung, sondern birgt auch für die Stadt den Vorteil, dass Lücken im öffentlichen Verkehrsangebot des ländlichen Raums ausgefüllt werden. Die Alternative, einen konventionellen Busverkehr einzurichten, wäre deutlich kostenintensiver.

4.2.5 Vor- und Nachteile

Vorteile: Es besteht nicht die Notwendigkeit ein teures öffentliches Transortsystem einzurichten, um die Mobilitätsbedürfnisse einer eingeschränkten Gruppe der Bevölkerung zu erfüllen. Das Fahrdienstmodell setzt dabei auf bestehende Ressourcen im Bereich der Infrastruktur und der Vereinsmitglieder (z. B. Ruheständler, städtischer Disponent, Straßennetz, Stromnetz). Weiter ist vorteilhaft, dass die Energiekosten im Verhältnis zur Fahrleistung gering sind und dies ist wiederum wichtig für die finanzielle Tragfähigkeit des Konzepts. Des Weiteren ist eine unmittelbare Bewerbung des Projekts durch die zahlreichen ehrenamtlichen Vereinsmitglieder in ihrem jeweiligen

---

[80] (Sozialministerium BW, 2015).

Umfeld gegeben und auch das öffentliche Ansehen ist aufgrund des sozialen Nutzens gut. Überdies ermöglicht der Fahrdienst zahlreiche Möglichkeiten Politik, Wirtschaft und Gesellschaft zu beteiligen (z. B. Unterstützung durch Sponsoring) und untereinander zu vernetzen (z. B. Bürgermeister, Arbeitgeber, Geschäfte und Dienstleistungen). Zusätzlich generiert der Fahrdienst einen Vorteil für Menschen, die bisher auf den spärlichen ÖPNV angewiesen waren und so zeitintensive und mitunter umständliche Fahrtabläufe hatten. So fasst eine ältere Nutzerin treffend zusammen: „Vor dem Fahrdienst musste ich rund eine Stunde warten, bis ich wieder nach Hause fahren konnte, nun sind es nur noch fünf Minuten." Zuletzt ist zu nennen, dass durch das Vorhandensein des e-Fahrdienstes die Attraktivität der Stadt (wieder) gesteigert wird und so Einwohner aus Städten zurückgewonnen werden könnten (z. B. junge Familien sowie auch jüngere Personen und sogar ältere Menschen, die so in ihre Heimat zurückkehren können).

Nachteile: Bisher ist nur wenig über die Kapazitätseinbußen einer Batterie nach mehrjährigem Fahreinsatz bekannt, weshalb das Leasen der Batterie, wie es in Boxberg der Fall ist, zu empfehlen ist. Andernfalls würde der Vorteil der geringen Energiekosten im Betrieb im Falle eines Batterietauschs entfallen. Zusätzlich bewirkt eine nachlassende batteriebedingte Reichweite, dass die Betriebsdurchführung noch stärker eingeschränkt wird, als es ohnehin schon Realität ist. Gegenwärtig funktioniert der Fahrdienst ähnlich zu einem Taxi, da das Fahrzeug für die Dauer der Aktivität des Fahrgastes (z. B. Einkaufen) meist für andere Fahrgäste blockiert ist. Dieses Problem ist darauf zurückzuführen, dass eine Kombination von mehreren Fahrtwünschen aufgrund der Batteriekapazität kaum möglich ist. Deshalb kann das volle Leistungsvermögen des Fahrdienstes erst durch die Durchführung folgender Verbesserungen abgerufen werden: Leistungsfähigere Batterie, mehr und gute Standorte der Ladestationen, Verringerung der Ladedauer, sowie ein optimiertes System (inklusive neuer Software und Fahrtenprotokoll), das die Kombination von sowohl vorab als auch spontan geäußerten Fahrtwünschen ermöglicht. Ein weiterer Nachteil ist, dass die Ausweitung des Fahrdienstes nur in geringerem Maße möglich ist als mit einem Fahrzeug mit Verbrennungsmotor. In diesem Fall wäre nicht nur eine größere Tagesfahrleistung realisierbar, sondern es könnte auch besser auf spontane Fahrtwünsche eingegangen werden unabhängig davon, wo diese verlaufen. Darüber hinaus ist die Öffentlichkeit, insbesondere ältere Menschen, zu denen wie oben erwähnt die meisten der ehrenamtlichen Fahrer gehören, gegenüber Elektroautos skeptisch eingestellt. Dies erschwert die Umsetzung von Empfehlungen zur Verbesserung der Betriebsdurchführung (z. B. Fahrstil, Ladezeiten). Zuletzt könnte der Fahrdienst im Zuge der alternden Gesellschaft Probleme bei der Gewinnung von Fahrern bekommen.

5 Fazit und Ausblick

Fahrdienste bieten ein beachtliches Potential für die Elektrifizierung des Antriebsstrangs im motorisierten Straßenverkehr und somit zur Umsetzung im bedarfsorientierten Gemeinschaftsverkehr auch in Form eines e-Bürgerautos.

Die Ergebnisse des hier beschriebenen Projekts haben gezeigt, dass es einer Vielzahl passender Rahmenbedingungen bedarf, um ein solches Vorhaben erfolgreich auf den Weg zu bringen. Unerlässlich ist hierbei das ehrenamtliche Engagement der Menschen vor Ort. Diesbezüglich ist Baden-Württemberg mit einer hohen Engagementquote gut aufgestellt. Ähnliches gilt für die demografische Entwicklung. Viele Landesteile sind nicht in dem Maße von einem Rückgang der Bevölkerung betroffen, wie das in anderen Bundesländern außerhalb von Metropolregionen der Fall ist. Auch unterliegen ländlich geprägte Räume mit einem besonders hohen Anteil des MIV ganz anderen Randbedingungen, als urbane Räume.

e-Bürgerautos können in dünn besiedelten Räumen eine Mobilitätslücke schließen. Anhand der Ergebnisse in der Stadt Boxberg konnte sehr genau aufgezeigt werden, wie durch ein flexibles Mobilitätsangebot ein echter Mehrwert geschaffen werden kann. Fahrgäste äußerten sich in mehreren Befragungen uneingeschränkt positiv über das Angebot. Die Untersuchung der Entwicklung der Fahrgastzahlen über die Projektlaufzeit innerhalb fünf verschiedener Wachstumsphasen hat gezeigt, dass auch nach einer anfänglichen Euphorie der e-Fahrdienst rege genutzt wird. Auch die befragten Fahrer erkennen den Mehrwert für die Mobilität Ihrer Mitbürger im Ort.

Ein besonderer Fokus liegt auf der Bewertung der Eignung der Elektromobilität für e-Bürgerautoverkehre. Auch hier gelten individuelle Randbedingungen, die pauschalierte Aussagen noch nicht in einem verbindlichen Maße möglich machen. Aber anhand des e-Bürgerautos in Boxberg konnte gezeigt werden, dass durch die Fahrer geäußerte Bedenken bezüglich einer begrenzten Reichweite nach dem Sammeln von Erfahrungen im ersten Winter ehe subjektiver Natur sind und abgebaut werden konnten. Faktisch traten Reichweitenprobleme in der letzten Untersuchungsphase im Winter 2015 kaum noch auf. Nichtsdestotrotz ist die Ausbildung und Sensibilisierung der Fahrer ein wichtiges Thema.

Das hat die technische Fahrbetriebsevaluation dahingehend bestätigt, da der Fahrstil einen erheblichen Einfluss auf die e-Fahrzeugreichweite hat. Ein defensiver Fahrstil hat insbesondere in flachem Terrain Vorteile, bei Steigungen unterscheidet sich ein defensiver Fahrstil aber kaum noch von einem Offensiven. Topografische und klimatische Einflüsse wurden ebenfalls untersucht. Es wurde bestätigt, dass beide Größen erheblichen Einfluss auf die Reichweite des e-Fahrzeugs haben. Daten eines ausgewählten Szenarios konnten belegen, dass topografisch weniger anspruchsvolle Routen mit Umwegen kürzeren Strecken mit starken Steigungen vorzuziehen sind. Hier zeigt sich ein großes Optimierungspotential für die Elektromobilität durch bedarfsabhängiges Routing im Verkehrsgebiet.

Hinsichtlich der Ladeinfrastruktur hat sich herausgestellt, dass diese nicht nur aus pragmatischen Gründen bspw. am Betriebshof platziert werden sollte. Vielmehr wurde herausgearbeitet, dass häufiges Zwischenladen an typischen Verweilorten des e-Fahrzeugs (z. B. Supermärkten), erhebliches Potential zur Reichweitenerhöhung bietet. Eine große Supermarktkette hat beispielsweise bereits 2015 in einem Projekt 50 Ladestationen auf Ihren Kundenparkplätzen errichtet und ermöglicht ihren Kunden kostenfreies Laden während des Einkaufs (2015). Wichtig ist in dem Zusammenhang auch, dass schnellem (Zwischen-)Laden eine immer größere Bedeutung zukommt. Das im hier beschriebenen Projekt und darüber hinaus in Boxberg eingesetzte Fahrzeug kann mit max. 3,7 kW laden. Aktuell (Stand 2016) verfügbare e-Fahrzeuge auf dem deutschen Markt verfügen bereits überwiegend über die Möglichkeit einer Ladung mit max. 22 kW, was den Einsatz solcher e-Fahrzeuge als e-Bürgerauto prädestiniert (hinreichend großes Platzangebot für die Fahrgäste vorausgesetzt).

Zukünftig wird die Digitalisierung auch im ländlichen Raum verstärkt Gewohnheiten verändern. Der zunehmende Einsatz von IKT wird durch den Breitbandausbau und die zunehmende Verfügbarkeit schneller Internetanbindungen für mobile Endgeräte vielfältige Möglichkeiten für ad-hoc Verkehre bieten, so dass sich beispielsweise e-Bürgerautos spontaner buchen lassen. Vor dem Hintergrund sogenannter Silver Agers, also bis ins hohe Alter rüstiger Ruheständler, steigt auch die Durchdringung dieser Alterskohorten mit moderner IT und die Nutzung von Smartphones stellt keine generelle Einschränkung mehr dar.

In einem solchen Szenario kann dann das e-Bürgerauto verstärkt auch als Zubringer zu Umsteigepunkten des ÖPNV in den Orten dienen, um multimodale Wege mit verschiedenen Verkehrsmitteln zu ermöglichen. Echtzeitinformationen über Anschlussverbindungen (z. B. unter Einbindung des bereits erfolgreich im Einsatz befindlichen

Systems RUBIK[81]) runden ein zuverlässiges Verkehrssystem ab. e-Bürgerautos und Gemeinschaftsverkehre im Allgemeinen stellen diesbezüglich gerade in ländlich geprägten Räumen einen wichtigen Baustein dar.

Darüber hinaus gilt es, Akteure stärker zu vernetzen, um Wissen über intelligente Verkehrskonzepte weiter zu verbreiten und auch in die (kommunale) Praxis zu bringen. Dazu gibt es bereits Bestrebungen einzelner Landeseinrichtungen und – verbände, die Verstärkt gebündelt und auch fokussiert auf den ländlichen Raum ausgerichtet werden sollten.[82]

---

[81] Im Forschungsprojekt RUBIK wurde von der VWI Stuttgart GmbH ein netzwerkorientiertes, fahrzeugbezogenes Informations- und Anschlusssicherungssystem mit der Konzentration auf die Anforderungen im regionalen Busverkehr entwickelt. Dabei wurde auf eine zentrale Leitstelle verzichtet, stattdessen kommunizieren intelligente Endgeräte (z. B. in den Fahrzeugen und an den Haltestellen) miteinander. Über eine Schnittstelle können auch Informationssysteme (z. B. Datendrehscheiben oder Internetdienste) sowie Fahrgastinformationsmedien an Haltestellen mit den Echtzeitdaten versorgt werden. RUBIK ist seit Mai 2012 am Standort Neuenstadt der Omnibus-Verkehr Ruoff GmbH im regulären Einsatz.

[82] Beispielsweise gab es 2015 und 2016 Veranstaltungen einer Workshopreihe der Akademie Ländlicher Raum Baden-Württemberg unter der Schirmherrschaft des Ministeriums für Ländlichen Raum und Verbraucherschutz, des Ministeriums für Verkehr und Infrastruktur Baden-Württemberg sowie der Nahverkehrsgesellschaft Baden-Württemberg mbH mit Bürgerinformationsangeboten zu Gemeinschaftsverkehren; vgl. (Akademie Ländlicher Raum Baden-Württemberg, 2016)

Abkürzungsverzeichnis

BBR	Bundesamt für Bauwesen und Raumordnung
BBSR	Bundesinstitut für Bau-, Stadt- und Raumforschung im Bundesamt für Bauwesen und Raumordnung
BGB	Bürgerliches Gesetzbuch
BMWi	Bundesministerium für Wirtschaft und Technologie
EFB	e-Fahrdienst Boxberg
e.V.	eingetragener Verein
FrStllgV	Freistellungsverordnung
IKT	Informations- und Kommunikationstechnik
IEV	Institut für Eisenbahn- und Verkehrswesen der Universität Stuttgart
IT	Informationstechnologie
MIV	Motorisierter Individualverkehr
ÖV	Öffentlicher Verkehr
ÖPNV	Öffentlicher Personennahverkehr
Pkm	Personenkilometer oder Passagierkilometer
PBefG	Personenbeförderungsgesetz
SPNV	Schienenpersonennahverkehr
WIUS	Lehrstuhl für Allgemeine Betriebswirtschaftslehre und Wirtschaftsinformatik II (Unternehmenssoftware) des Betriebswirtschaftlichen Instituts der Universität Stuttgart
WVB	Wir verbinden Boxberg e. V.
VWI	Verkehrswissenschaftliches Institut Stuttgart GmbH
Z.E.	Zero Emission

Glossar

Altenquotient

Im Altenquotienten wird die ältere (nicht mehr erwerbsfähige) Bevölkerung auf die Bevölkerung im erwerbsfähigen Alter bezogen. Am gebräuchlichsten sind Abgrenzungen bei 15 bzw. 20 Jahren nach unten und 60 bzw. 65 Jahren nach oben, also:

Die Bevölkerungszahl im Alter ab 60 bzw. 65 Jahre wird dividiert durch die Bevölkerungszahl zwischen 15 bzw. 20 und 60 bzw. 65 Jahren [Quelle: Bundesinstitut für Bevölkerungsforschung].

Bedarfsverkehr

Bedarfsverkehr ist ein Begriff aus der Verkehrswissenschaft und bezeichnet eine Betriebsart des Verkehrs, wobei die Verkehrsmittel nur bei Bedarf verkehren oder in Betrieb gesetzt werden. Ein grundlegender Unterschied zwischen konventionellem Linienverkehr und flexiblen Bedienungsformen ist, dass Fahrten nur dann durchgeführt werden, wenn ein Fahrtwunsch vorliegt [Quelle: vialsace.eu].

Bedienungsgebiet

Das Bedienungsgebiet ist die jeweils gesamte von der flexiblen Bedienung direkt bediente und erschlossene Gemeinde. Das Bedienungsgebiet umfasst alle von der flexiblen Bedienungsform erschlossenen Stadt- und Ortsteile bzw. Gemeinden. Zum Bedienungsgebiet zählen alle Flächenbestandteile, d.h. Siedlungs- und Verkehrsflächen sowie Freiflächen [Quelle: (Böhler, 2009)].

Bürgerauto

s. Fahrdienst

Bürgerrufauto

s. Fahrdienst

Bürgerbus

Bürgerbusse sind fahrplanfixierte Linienverkehre, die mit ehrenamtlichem Fahrpersonal betrieben werden.

Ein durch ehrenamtlich tätige Personen betriebener Minibus, „der mit Pkw-Führerschein gefahren werden darf. Es handelt sich um Linienverkehr nach festem Fahrplan und mit festen Haltestellen." [Quelle: NVBW]

Daseinsvorsorge

Als Daseinsvorsorge werden das Gemeinwohl sichernde Leistungen der staatlichen Gewährleistungsverantwortung bezeichnet. Die Sicherstellung einer ausreichenden Verkehrsbedienung im öffentlichen Personennahverkehr stellt nach §1, Absatz 1 Regionalisierungsgesetz eine Aufgabe der Daseinsvorsorge dar [Quelle: Verband Deutscher Verkehrsunternehmen].

(Fahrzeug-) Disposition

Planung des Einsatzes von Fahrzeugen über einen bestimmten Zeitraum. Es erfolgt eine Zusammenfassung der Fahrtwünsche zu Touren [Quelle: (Böhler, 2009)].

Disperse Siedlungsstruktur

Gestreute Verteilung der Siedlungen und der Bevölkerung im Raum [Quelle: (Böhler, 2009)].

e-Bürgerbus

ein mit Hybridantrieb ausgestatteter oder rein batterieelektrisch betriebener Bürgerbus

e-Fahrdienst

ein mit Hybridantrieb ausgestatteter oder rein batterieelektrisch betriebener Fahrdienst

Elektromobilität

Die Elektrifizierung der Antriebe durch Batterie- und die Brennstoffzellentechnologien. Im Kontext des "Nationalen Entwicklungsplan Elektromobilität" wird der Begriff auf den Straßenverkehr begrenzt. Hierbei handelt es sich insbesondere um Personenkraftwagen (PKW) und leichte Nutzfahrzeuge, ebenso werden aber auch Zweiräder (Elektroroller, Elektrofahrräder) und Leichtfahrzeuge einbezogen. [Quelle: Forschungs-Informations-System].

Fahrdienst

Auch Bürgerauto oder Bürgerrufauto u.a. in Abhängigkeit räumlicher und zeitlicher Flexibilisierung. Hier ein durch ehrenamtlich tätige Personen organisierter Fahrdienst mit einem Großraum-Pkw, „das im bedarfsgesteuerten Betrieb eingesetzt wird. Die Fahrt muss daher telefonisch vorbestellt werden. Das Bedienungsgebiet ist räumlich und zeitlich festgelegt (z. B. 8-18 Uhr im Gemeindegebiet). Fahrtwünsche werden soweit möglich zusammengefasst, das Bürgerrufauto ist also kein Taxi, das den Fahrgast individuell zu seinem Ziel bringt. Die wesentlichen Unterschiede zum Bürgerbus sind Fahrzeuggröße und Betriebsweise." [Quelle: NVBW]

Fahrgastpotenzial

Das Fahrgastpotenzial umfasst die Einwohnerzahl der Ortsteile bzw. Gemeinden, die das Quellgebiet für die flexiblen Bedienungsformen darstellen. Das Fahrgastpotenzial liegt in der Regel deutlich unter der gesamten Einwohnerzahl im Bedienungsgebiet, stellt jedoch die Hauptziel- und Hauptnutzergruppe der flexiblen Bedingungsformen dar [Quelle: (Böhler, 2009)].

Fahrplan

Der Fahrplan ist die festgelegte zeitliche und räumliche Ordnung des Fahrangebots sowie auch dessen Bekanntmachung durch Aushang und andere Fahrplanmedien. Fahrpläne im Linienverkehr i.S.d. PBefG müssen die Führung der Linie, ihren Ausgangs- und Endpunkt sowie die Haltestellen und Fahrzeiten enthalten und sind nebst ihren Änderungen genehmigungsbedürftig und ortsüblich bekannt zu machen [Quelle: Verband Deutscher Verkehrsunternehmen].

Fahrtwunsch

Bei flexiblen Bedienungsformen: Beförderungswunsch des Fahrgastes, der – in der Regel telefonisch – vorangemeldet werden muss. Fahrtwünsche können nur im Rahmen des vorgegebenen Fahrplans bzw. Fahrtenangebots angemeldet werden [Quelle: (Böhler, 2009)].

Flächenbetrieb

Im Flächenbetrieb erfolgt die Fahrt auf direktem Weg vom Quell- zum Zielort, der Verlauf der Fahrt ergibt sich ausschließlich aus Einstiegsorten und der Lage der von den

Fahrgästen angegebenen Fahrtziele [Quelle: (Böhler, 2009)].

Flexible Bedienungsform Die Betriebsform der „flexiblen Bedienung" ist dadurch gekennzeichnet, dass sie nachfragegesteuert durchgeführt wird. Das heißt, die tatsächlich vorhandene Nachfrage bestimmt (d.h. steuert), welcher Teil der angebotenen ÖPNV-Leistung auch tatsächlich realisiert wird. Für die Durchführung einer Fahrt ist eine Voranmeldung durch den Kunden erforderlich. Die nachfragegesteuerte Bedienung führt zu einer zeitlichen (Fahrplanfahrten nur bei Bedarf, kein fester Fahrplan) und/oder räumlichen (Zu- und Abgang, Linienweg) Flexibilisierung [Quelle: (Böhler, 2009)].

Gemeinschaftsverkehr Durchführung und Betrieb von Mobilität durch Ehrenamtlichen speziell in dünnbesiedelten Räumen, um eine ökonomisch tragbare, die sozialen Bedürfnisse respektierende und zur ökologischen Nachhaltigkeit des Verkehrs beitragende Lösung zu erreichen [Quelle: NVBW]

Gesamtquotient Der Gesamtquotient spiegelt das quantitative Verhältnis von Bevölkerung im erwerbsfähigen und nichterwerbsfähigen Alter wider, er ergibt sich als Summe aus dem Jugend- und dem Altenquotienten. Analog zu diesen beiden Kennziffern gibt es auch beim Gesamtquotienten keine vorgeschriebenen Altersgrenzen, am gebräuchlichsten sind Abgrenzungen bei 15 bzw. 20 Jahren nach unten und 60 bzw. 65 Jahren nach oben, also:

Die Zahl der Personen unter 15 bzw. 20 Jahren wird addiert zur Bevölkerungzahl ab 60 bzw. 65 Jahre, die Summe wird dividiert durch die Bevölkerungszahl zwischen 15 bzw. 20 und 60 bzw. 65 Jahren [Quelle: Bundesinstitut für Bevölkerungsforschung].

Haustürbedienung Im Gegensatz zur Haltestellenbedienung ist bei der Haustürbedienung der Zustieg und / oder der Ausstieg des

Fahrgastes an seiner Haustür möglich [Quelle: (Böhler, 2009)].

Jugendquotient

Im Jugendquotienten (bzw. eigentlich Kinder- und Jugendquotienten) wird die jüngere (noch nicht erwerbsfähige) Bevölkerung auf die Bevölkerung im erwerbsfähigen Alter bezogen. Am gebräuchlichsten sind Abgrenzungen bei 15 bzw. 20 Jahren nach unten und 60 bzw. 65 Jahren nach oben, also:

Die Zahl der Personen im Alter unter 15 bzw. 20 Jahren wird dividiert durch die Bevölkerungszahl zwischen 15 bzw. 20 und 60 bzw. 65 Jahren [Quelle: Bundesinstitut für Bevölkerungsforschung]

Siedlungsstruktur

Die Siedlungsstruktur ergibt sich aus dem quantitativen und qualitativen Verteilungsmuster von Wohnungen, Arbeitsstätten und Infrastruktur innerhalb eines bestimmten Gebietes [Quelle: Akademie für Raumforschung und Landesplanung].

Nachfrageorientiertes/ nachfragegesteuertes Angebot

Das ÖPNV-Angebot ist weitgehend auf die vorhandene ÖPNV-Nachfrage ausgerichtet, z.B. wechselndes Fahrtenangebot im Tagesverlauf bei tageszeitlich schwankender Nachfrage. Ziel ist es, die vorhandene ÖPNV-Nachfrage unter wirtschaftlichen Gesichtspunkten optimal zu bedienen. Die tatsächlich vorhandene Nachfrage bestimmt (d.h. steuert), welcher Teil der angebotenen ÖPNV-Leistung (Fahrplan) auch tatsächlich realisiert wird (bediente Relationen, Haltestellen, Betriebsleistung) [Quelle: (Böhler, 2009)].

Mobilitätseingeschränkte Personen (Bürger)

Im engeren Sinn (Behinderung) sind es Personen mit einer dauerhaften Behinderung z.B. Gehbehinderung, Sehbehinderung, Blinde, Hörschädigung, Greifbehinderung, Menschen mit geistiger Behinderung, Analphabeten, usw.

Im weiteren Sinn (Einschränkung) sind es Personen mit einer vorübergehenden Behinderung z.B. Kinder, werdende Mütter, ältere Menschen, fremdsprachige Menschen, Personen mit Gepäck, Personen mit Kinderwagen, usw. [Quelle: Studiengesellschaft für Tunnel und Verkehrsanlagen e.V.]

Personenkilometer oder Passagierkilometer Produkt aus beförderten Personen und der zurückgelegten Entfernung in Kilometern → Verkehrsleistung im Personenverkehr [Quelle: Verband Deutscher Verkehrsunternehmen].

Zentraler Ort Ein zentraler Ort ist eine Gemeinde oder ein Ortsteil, der über die Versorgung der eigenen Bevölkerung hinaus entsprechend seiner jeweiligen Funktion im zentralörtlichen System überörtliche Versorgungsaufgaben für die Bevölkerung seines Verflechtungsbereiches wahrnimmt. Entsprechend sollen in den zentralen Orten soziale, kulturelle, wirtschaftliche und administrative Einrichtungen (zentrale Einrichtungen) konzentriert werden. Dabei ist es Aufgabe der Grundzentren, zentrale Einrichtungen und Angebote für den allgemeinen, täglichen Grundbedarf bereitzustellen. In den Mittelzentren sind darüber hinaus zentrale Einrichtungen und Angebote für den gehobenen Bedarf vorzuhalten. Oberzentren decken neben dem täglichen und gehobenen Bedarf zusätzlich den spezifischen Bedarf, beispielsweise von kulturellen Einrichtungen wie Theater und Museen. Die genaue Funktionsausstattung von Oberzentren variiert je nach Bundesland [Quelle: (Böhler, 2009)].

Literaturverzeichnis

[ADAC 2014]

Möbilität im ländlichen Raum. München : ADAC e. V., 2014.

[AEE 2015]

Agentur für Erneuerbare Energien - 4. Weniger Rohstoffimporte und 16. Mobil ohne Erdöl. [Online] 1. September 2015. http://www.unendlich-viel-energie.de/themen/gute-gruende.

[Akademie Ländlicher Raum Baden-Württemberg 2016]

Ergänzende Mobilitätskonzepte im Ländlichen Raum: engagiert erfolgreich entwickeln.[Online]2016.http://www.lel-bw.de/pb/site/pbs-bw-new/get/documents/MLR.LEL/PB5Documents/alr/10_Veranstaltungen_2016/pdf_Fly er/160704_flyer_praxisworkshop_mobilit%C3%A4t_zusatztermin_druck.pdf.

[Auswärtiges Amt 2015]

Who is who der Energiewende in Deutschland. Bundesrepublik Deutschland Auswärtiges Amt. Berlin : Renewables Academy (RENAC) AG, 2015.

[Bähr, Jürgen 2015]

Einführung in die Urbanisierung. *Berlin-Institut.* [Online] 1. September 2015.http://www.berlin-institut.org/online-handbuchdemografie/bevoelkerungsdynamik/auswirkungen/urbanisierung.html.

[Bayern, Radio 2015]

Radio Bayern. *E-Auto Gespräch.* [Online] 2015. http://www.br.de/radio/bayern2/gesellschaft/notizbuch/e-auto-gespraech-100.html.

[BBR 2005]

Bundesamt für Bauwesen und Raumordnung (BBR). *Raumordnungsbericht 2005.* Bonn : Bundesamt für Bauwesen und Raumordnung, 2005.

[BBSR 2010]

Bundesinstitut für Bau-, Stadt- und Raumforschung (BBSR). *Laufende Raumbeobachtung - Raumabgrenzungen: Raumtypen 2010.* [Online] 2010. [Zitat vom: 20. April 2016.] http://www.bbsr.bund.de.

[BBSR 2012]

Bundesinstitut für Bau-, Stadt, und Raumforschung (BBSR) im Bundesamt für Bauwesen und Raumordnung (BBR). *Raumordnungsbericht 2011.* Bonn : Bundesamt für Bauwesen und Raumordnung, 2012.

[BBSR 2016]

Bundesinstitut für Bau-, Stadt- und Raumforschung im Bundesamt für Bauwesen und Raumordnung. [Online] 2016. http://www.bbsr.bund.de.

[Begleit- und Wirkungsforschung Schaufenster Elektromobilität 2015]

Wie kommen die Angaben über den Stromverbrauch und die Reichweite von Elektrofahrzeugen zustande? Berlin : s.n., 2015.

[Berlin-Institut für Bevölkerung und Entwicklung 2011]

Klamme Kommunen und engagierte Bürger. Berlin : s.n., 2011.

[Bertelsmann Stiftung 2016]

Wegweiser-kommune.de. *Kommunale Berichte: Demographiebericht.* [Online] 2016. [Zitat vom: 1. September 2015.] http://www.wegweiser-kommune.de/kommunale-berichte.

[BMVBS 2009]

Handbuch zur Planung flexibler Bedienungsformen im ÖPNV. *Bundesministerium für Verkehr, Bau.* Bonn : s.n., 2009.

[Böhler 2009]

Handbuch zur Planung flexibler Bedienungsformen im ÖPNV. Berlin : s.n., 2009.

[Brundtland et al. 1987]

Our Common Future ('Brundtland report'). London : Oxford University Press, 1987.

[climate-data 2015]

Klima Boxberg. [Online] 1. September 2015. http://de.climate-org/location/22593.

[Dalkmann et al. 2004]

Verkehrsgenese: Entstehung. Mannheim : MetaGIS Verlag, 2004.

[Dienel et al. 2014]

Bürgerbusse als Gemeinschaftsaufgabe: Erfahrungen aus Rheinland-Pfalz. [Buchverf.] Arbeitsgemeinschaft Akademien Ländlicher Raum in den deutschen Ländern. *Mobilität für ländliche Räume: Leistungsfähige Netze für Alle.* München : Arge Ländlicher Raum, 2014, S. 7-10.

[Dobeschinsky 2012]

Bürgerbusse in Baden-Württemberg: Methoden, Erfahrungen und Empfehlungen. *Nichtveröffentlichte Bachelorarbeit.* 2012.

[e-mobil BW 2015]

Landesagentur für Elektromobilität und Brennstoffzellentechnologie Baden-Württemberg. [Online] 1. September 2015. http://www.e-mobilbw.de/de/innovative-mobilitaet/laendlicher-raum.html.

[Engelhard 2015] Omnia Verlag. *Welt im Wandel Internet.* [Online] 1. September 2015. http://www.omnia-verlag.de/weltimwandel/php/start.php?id=3795&bc=-3795.

[Faltenbacher et al. 2011]

Plattform innovative Antriebe Bus - Abschlussbericht. Berlin : s.n., 2011.

[Follmer et al. 2010]

Mobilität in Deutschland 2008. Verkehr, infas Institut für angewandte Sozialwissenschaft GmbH und Deutsches Zentrum für Luft- und Raumfahrt e.V. Institut für Verkehrsforschung. Bonn und Berlin : Bundesministeriums für Verkehr, Bau und Stadtentwicklung, 2010.

[Forschungsgesellschaft für Straßen- und Verkehrswesen e.V. 2012]

Hinweise zur Evaluation von verkehrsbezogenen Maßnahmen. Köln : s.n., 2012.

[Gemeindebund, Deutscher Städte- und. 2006]

Herausforderungen ländlicher Räume. Berlin : s.n., 2006.

[Generali Deutschland Holding AG, Prognos AG. 2009]

Engagementatlas. 2009.

[Große Starmann et al. 2016]

Typ 1: Stabile ländliche Städte und Gemeinden. Bertelsmann Stiftung. s.l. : Wegweiser Kommune, 2016.

[Hawkes 2001] *The Fourth Pillar of Sustainability: Culture's Essential in Public Planning.* Cultural Development Network (Vic) . Victoria : Common Ground Publishing Pty Ltd, 2001.

[Heinrichs 2013] Sharing Economy - Im Zeitalter des Homo collaborans. *Politische Ökologie.* 2013, Bd. 135, S. 99-106.

[Herzwurm et al. 1997]

Qualitätssoftware durch Kundenorientierung. Die Methode Quality Function Deployment: Grundlagen, Praxis und SAP R/3 Fallbeispiel. Wiesbaden : Vieweg + Teubner, 1997.

[Hoffmann 1993]

Flexible Bedienungsformen im ÖPNV - Elemente einer mehrstufig differenzierten Verkehrserschließung . Bielefeld : s.n., 1993.

[Holzapfel 2012]

Urbanismus und Verkehr. Wiesbaden : Vieweg+Teubner Verlag, 2012.

[Horx 2010]

Horx Zukunftsinstitut GmbH. *Trend-Definitionen.* [Online] 2010. http://www.horx.com/zukunftsforschung/Docs/02-M-03-Trend-Definitionen.pdf.

[Hütter 2013]

Verkehr auf einen Blick. Statistisches Bundesamt. Wiesbaden : Statistisches Bundesamt, 2013.

[infas, DLR 2010]

Mobilität in Deutschland 2008 - Ergebnisbericht. Bonn, Berlin : s.n., 2010.

[Jansen et al. 2013]

Gemeinschaftsaufgabe Bürgerbus - Erfahrungen mit ehrenamtlichen Engagement aus Rheinland-Pfalz. 2013, 09, S. 3-6.

[Kock et al. 2015]

Wie der demografische Wandel Deutschland verändert. *Süddeutsche Zeitung.* [Online]1.September2015.http://www.sueddeutsche.de/leben/bevoelkerungsentwick lung-wie-der-demografische-wandel-deutschland-veraendert-1.1486334.

[Krams und Camacho 2015]

Durchführung eines Demonstrationsprojekts "Elektromobilität Ländlicher Raum", EFB – e-Fahrdienst Boxberg. *Verkehrszeichen.* 3 2015, S. 13-18.

[Krempl 2013]

www.heise.de. [Online] 27. Mai 2013. http://www.heise.de/newsticker/meldung/ Bundesverkehrsminister-warnt-vor-Skepsis-gegenueber-Elektromobilitaet-1870698.html.

[Kröhnert et al. 2011]

Die Zukunft der Dörfer. Berlin-Institut für Bevölkerung und Entwicklung. Köln : Gebrüder Kopp GmbH & Co. KG, 2011.

[Kröhnert et al. 2011]

Die demografische Lage der Nation. Was freiwilliges Engagement für die Regionen leistet. Berlin-Institut für Bevölkerung und Entwicklung. Berlin : Generali Gruppe, 2011.

[Kutter 2005]

Entwicklung innovativer Verkehrsstrategien für die mobile Gesellschaft: Aufgaben Maßnahmenspektrum Problemlösungen. s.l. : Erich Schmidt Verlag, 2005.

[Martin 2006]

Ziele des Verkehrs im Spannungsfeld von technischer und gesellschaftlicher Entwicklung (Versuch einer Analyse). Sächsische Akademie der Wissenschaften zu Leipzig. Technikwissenschaftliche Klasse. Stuttgart/Leipzig : S. Hirzel Verlag, 2006. Sitzungsberichte .

[Mehlert und Ziets 2014]

Planungsleitfaden Flexible Angebotsformen - Eine Handreichung zur Konzeption, Planung und Umsetzung von flexiblen Angebotsformen im ÖPNV. Hamburg : s.n., 2014.

[Nationale Plattform Elektromobilität 2014]

Fortschrittsbericht 2014 - Bilanz der Marktvorbereitung. GEmeinsame Geschäftsstelle Elektomobilität der Budesregierung (GGEMO). Berlin : Bundesministerium für Verkehr und digitale Infrastruktur, 2014.

[NVBW 2015]

Bürgerbusse und Gemeinschaftsverkehre - Bausteine der ländlichen Mobilität in Baden-Württemberg. Nahverkehrsgesellschaft Baden-Württemberg mbH. Stuttgart : s.n., 2015.

[Petersen und Schallaböck 1995]

Mobilität für morgen. Basel : Springer, 1995.

[Pro Bürgerbus NRW e.V. 2014]

Leitfaden für die Einrichtung und den Betrieb von Bürgerbussen. [Online] Mai 2014. http://www.pro-buergerbus-nrw.de/fileadmin/user_upload/pdf/Leitfaden_5-2014.pdf.

[Renault 2016]

Wartungsprotokoll. *Produktbroschüre des Herstellers.* [Online] 2016.

[Schäfer-Sparenberg und Hillebrand 2011]

Umwelt- und familienfreundliche Mobilität im ländlichen Raum: Good-Practice-Beispiele. Deutsche Bundesstiftung Umwelt. Wuppertal : TU Berlin Institut für Land- und Seeverkehr und Wuppertal Institut für Klima, Umwelt, Energie GmbH, 2011.

[Schiefelbusch 2014]

Bürgerbus - Weiterentwicklung eines bewährten Konzepts. *Verkehrszeichen.* 2014, 3/14, S. 32-38.

[Schiefelbusch 2015]

BürgerBus: Bürgerbusse in Fahrt bringen, Stationen auf dem Weg zum BürgerBus. Stuttgart : VUD Medien GmbH, 2015.

[Schlesinger et al. 2014]

Development of Energy Markets - Energy Reference Forecast. German Federal Ministry of Economics and Technology. Basle/Cologne/Osnabrück : Project No. 57/12, 2014. Executive Summary.

[Schutte 2009]

A STRATEGIC MANAGEMENT PLAN FOR THE SUSTAINABLE DEVELOPMENT OF GEOTOURISM IN SOUTH AFRICA. South Africa : North-West University, 2009.

[Sozialministerium BW 2015]

ECHT GUT! Das Ehrenamt in Baden-Württemberg. *Ehrenamtswettbewerb des Landes gestartet.* [Online] 1. September 2015. http://www.echt-gut-bw.de /service /presse/_Ehrenamtswettbewerb-des-Landes-gestartet_197.html.

[Stadt Boxberg 2015]

Stadt Boxberg. [Online] 1. September 2015. http://www.boxberg.de.

[Statistik BW 2015]

Statistisches Landesamt Baden-Württemberg. [Online] 1. September 2015. http://www.statistik-bw.de/SRDB/.

[Stella et al. 2015]

Über 300.000 Kilometer unter Strom. Karlsruhe : Karlsruher Institut für Technologie und Fraunhofer Gesellschaft, 2015.

[TNS Infratest 2012]

ÖPNV kundenbarometer 2012. Verbünde und Verkehrsunternehmen im Vergleich. München : TNS Infratest, 2012.

[TNS Infratest 2013]

ÖPNV Kundenbarometer 2013 - Schlüssel zu zufriedenen Kunden und höheren Erträgen. München : TNS Infratest, 2013.

[Topp 2005] Mobilität und Verkehr: Verkehrsinfrastruktur und Verkehrsangebot bei weniger und älterer Bevölkerung. *Verkehrszeichen.* 2005, S. 6-12.

[WetterOnline 2015]

WetterOnline Meteorologische Dienstleistungen GmbH. [Online] 1. September 2015. htttp://wetteronline.de/rueckblick.

[Wuppertal Institut für Klima, Umwelt, Energie GmbH 2009]

Handbuch zur Planung flexibler Bedienungsformen im ÖPNV: Ein Beitrag zur Sicherung der Dasseinsvorsorge in nachfrageschwachen Räumen. Bonn : Bundesministerium für Verkehr, Bau und Stadtentwiklung, Bundesinstitut für Bau-, Stadt- und Raumforschung (BBSR) im Bundesamt für Bauwesen und Raumordnung (BBR), 2009.

[Zeit 2015]

Zeit Online. *Elektromobilität - Die Stromverschenker.* [Online] 2015. http://www.zeit.de/mobilitaet/2015-06/elektroauto-aldi-sued-kostenloser-strom.